Kliniktaschenbücher

W. H. Hitzig

Plasmaproteine

Pathophysiologie und Klinik

Zweite, neubearbeitete Auflage

Mit 37 Abbildungen

Springer-Verlag
Berlin Heidelberg New York 1977

Professor Dr. med. Walter Hermann Hitzig
Kinderklinik der Universität, Kinderspital,
Steinwiesstraße 75, CH − 8032 Zürich

Titel der ersten Auflage:
W. H. Hitzig, Die Plasmaproteine in der klinischen Medizin

ISBN-13: 978-3-540-08035-0   e-ISBN-13: 978-3-642-66548-6
DOI: 10.1007/978-3-642-66548-6

Library of Congress Cataloging in Publication Data. Hitzig, Walter, H., Plasmaproteine: Pathophysiologie und Klinik. (Kliniktaschenbücher) First ed. published in 1963 under title: Die Plasmaproteine in der klinischen Medizin. Bibliography: p. Includes index. 1. Blood protein disorders – Diagnosis. 2. Blood proteins-Analysis. 3. Blood proteins. I. Title [DNLM; 1. Blood proteins. WH400H676p] RC647.B6H57 1977 616.1'5 76-56216

Vorwort

Seit dem Erscheinen der 1. Auflage (1963) waren auf dem Gebiet der Plasmaproteine große Fortschritte zu verzeichnen. Unser damaliges Anliegen der Einführung spezifischer Techniken in das Kliniklaboratorium wurde an vielen Orten weitgehend verwirklicht; heute steht das Bedürfnis nach Vereinfachung im Vordergrund.

Die ungeheure Menge neuer Befunde und Erkenntnisse verlangte nach einer neuen Form der Darstellung, bei der nicht die Vollständigkeit, sondern die Sichtung, Straffung und Wertung im Vordergrund stand. Der Vorschlag des Springer-Verlags zur Einreihung in die „Klinik-Taschenbücher" kam daher meinem Wunsch nach praxisbezogener Darstellung entgegen. Allerdings war dabei leider die Zusammenarbeit mit den früheren Mitautoren (BÜTLER, COTTIER, HESS, VON MURALT) nicht mehr möglich; ich bin ihnen trotzdem für viele klärende Diskussionen und Beratungen dankbar. – Die beschränkte äußere Form wirkte sich auch auf das Literaturverzeichnis aus; dieses mußte so knapp gehalten werden, daß damit nicht alle Behauptungen im Text wissenschaftlich belegt sind; nach Möglichkeit wurden aber weiterführende Übersichtsarbeiten zitiert, in denen die Originalliteratur zu finden ist.

Tatsächlich war also eine vollständige Neufassung des ganzen Textes notwendig; sie wurde ermöglicht durch einen Studienurlaub im Wintersemester 1975/76, für dessen Gewährung ich der Universität Zürich zu Dank verpflichtet bin. Für Unterstützung meiner Bestrebungen danke ich allen Mitarbeitern: den Klinikern, die bei der Beschaffung des Materials behilflich waren; dem Laboratorium für Immunologie, insbesondere Herrn Dr. JOLLER, Frau Dr. FRÀTER, Frl. JAKOB und Frl. GOSSWEILER; ferner Herrn und Frau ADANK für die

Anfertigung der Zeichnungen und Herrn BRUNNER und Frl. RAST für die Fotografien; ganz besonderer Dank gebührt schließlich Frau RICKLIN und Frl. HOTTIGER für die Hilfe bei der Beschaffung der Literatur und für alle Schreibarbeiten.

Zürich, Januar 1977
W. H. HITZIG

Inhaltsverzeichnis

X

I. Einleitung

Als Proteine (abgeleitet von protoio = ich nehme den ersten Platz ein) wurden von MULDER 1839 [M 3][1] die „Grundstoffe der lebenden Substanz" bezeichnet. Diese Ansicht — seinerzeit eher eine Vorahnung — hat sich bestätigt: Der größte Anteil der lebenden Zelle besteht aus Proteinen, die entweder strukturell oder funktionell von Bedeutung sind; zahlreiche Lebensfunktionen sind an spezifische Proteine geknüpft (kontraktile Elemente, Enzyme, Transportglobuline etc). Gegenüber diesem treffenden Ausdruck beruht die deutsche Bezeichnung „Eiweiße" auf einer unrichtigen Verallgemeinerung, und sie wird deswegen im folgenden konsequent vermieden.

Blut ist ein „flüssiges Gewebe" das leicht und wiederholt untersucht werden kann. Es stellt das wichtigste materielle Kommunikationsmittel im Körper dar, gelangt überall hin und transportiert alle Substanzen, die für den Stoffwechsel notwendig sind oder dabei abfallen. Der Gas-Transport ist an das partikuläre System der Erythrozyten gebunden, deren kompakte Form den für Warmblüter notwendigen schnellen Umsatz überhaupt erst ermöglicht. Während jeder Student mit dieser Vorstellung frühzeitig vertraut gemacht wird, ist die Anwendung desselben Gedankens auf chemische Stoffe noch kaum verbreitet, obschon die Konzeption der *Vehikelfunktion der Plasmaproteine* von BENNHOLD schon 1932 [B 7] vorgebracht und seither an zahlreichen Beispielen bewiesen wurde: Spezifische Proteine transportieren Energieträger (z. B. Fett), viele Ionen (Calcium), Vitamine (Vitamin B_{12}) und Hormone (Steroide), sowie bei

---

[1] Literaturverzeichnis s. S. 203–210 Alle Literaturzitate in eckigen Klammern [].

der Zerstörung von Zellen freiwerdende Abfallprodukte (Hämoglobin).

Zusätzlich sind Plasmaproteine bekannt, die selber eine Wirkgruppe besitzen und dank ihrem ständigen Kreislauf jederzeit in jedem Körperteil zur Verfügung stehen (z. B. Immunglobuline).

Alle auf den Körper einwirkenden Einflüsse und die in ihm ablaufenden Lebensprozesse (Hunger, Entzündung, Schwangerschaft, Tumorwachstum etc). wirken sich auch auf das Blutorgan aus und widerspiegeln sich in den Plasmaproteinen. Wegen dieser ständigen Wechselwirkung zwischen fixen Körperzellproteinen und zirkulierenden Plasmaproteinen ist die Abgrenzung gegeneinander oft schwierig. Aus dem überreichen neueren Wissen zur Molekularbiologie muß eine strikte Auswahl getroffen werden, wobei willkürliche oder subjektive Entscheidungen unvermeidlich sind. Wegleitend sind vor allem klinische Gesichtspunkte: Die Angaben über Eigenschaften isolierter Plasmaproteine, die Besprechung von Untersuchungsmethoden und die Beurteilung therapeutischer Möglichkeiten sind in erster Linie im Hinblick auf den Patienten und auf die bei ihm mögliche Nutzanwendung ausgewählt.

II. Grundlagen

1. Physikochemische Struktur der Proteine
[A 6, D 3, K 3, P 11, S 9]

Grund-Bausteine aller Proteine sind Aminosäuren; wie der Name sagt, besitzen sie zwei charakteristische endständige funktionelle Gruppen, die Aminogruppe $-NH_2$ und die Carbonsäuregruppe $-COOH$. Zwanzig verschiedene Aminosäuren kommen regelmäßig in Proteinen vor, davon sind 9 unentbehrlich („essentiell"), d. h. sie können vom Menschen nicht synthetisiert werden.

Das Rückgrat aller Proteine bildet die Peptidkette. Sie entsteht durch die Verknüpfung von Aminosäuren durch Peptidbindungen ($-CO-NH$). Auf diese Weise können Ketten verschiedener Länge gebildet werden (Tabelle 1). Wie bei der einzelnen Aminosäure, kann auch bei jedem Peptid ein Ende mit der NH_2- und das andere Ende mit der COOH-Gruppe unterschieden werden; die diese Stelle einnehmende N-terminale, resp. C-terminale Aminosäure ist relativ einfach zu bestimmen, und sie erlaubt eine erste Charakteri-

Tabelle 1. *Peptide*
Peptide entstehen bei Aneinanderreihung von Aminosäuren durch die Peptid-Bindung: $R_1\text{-}CO\text{-}NH\text{-}R_2$

Kettenlänge	Bezeichnung
< 10 Aminosäuren	Oligopeptid
> 10 > 100 Aminosäuren	Polypeptid
> 100 Aminosäuren	(Makropeptid =) Protein

sierung des Polypeptids. Hydrolytische Enzyme lösen die Peptidbindung unter Einbau von Wasser. Durch systematisch fortgesetzten Abbau mit spezifischen chemischen Methoden kann die Aminosäurensequenz von Proteinen bestimmt werden.
Der Bau des Protein-Moleküls ist durch vier Strukturprinzipien bestimmt:

1.1. Primärstruktur

Darunter versteht man die Reihenfolge (Sequenz) der Aminosäuren im Rückgrat des Polypeptids. Sie ist genetisch fixiert und hat retrograd bei einzelnen Proteinen (z. B. beim Hämoglobin) die Konstruktion des Nucleinsäurecodes der Erbsubstanz ermöglicht.

Das primäre Polypeptid besteht aus einer monoton aneinandergereihten Kette von Aminosäuren, die in regelmäßigen Winkeln zueinander stehen. Nur Prolin paßt in diese regelmäßige Reihe nicht hinein, weil durch seinen an der Peptidbindung mitbeteiligten Pyrrolidinring mit anderen intramolekularen Winkeln jeweils eine Änderung des regelmäßigen Ablaufs entsteht. An viele lineare Polypeptidketten sind Seitenketten angehängt, die ihrerseits aus Lipiden und Kohlenhydraten bestehen. Sie werden als prosthetische Gruppen im weiteren Sinne bezeichnet und haben entscheidenden Einfluß auf viele Eigenschaften des Moleküls.
Unter Homologie versteht man partielle Übereinstimmung in der Aminosäurensequenz bei Proteinen gleicher Funktion, aber verschiedener Herkunft (z. B. Immunglobuline verschiedener Tierarten).

1.2. Sekundärstruktur

Die Winkel zwischen den Einzelatomen der Aminosäuren und die Natur der Seitengruppen bestimmen weitgehend die räumliche Struktur der Polypeptidketten. Es gibt zwei Grundstrukturen (Abb. 1 a u. b): spiralige = α-Helix und fadenförmige Anordnung = β- oder Faltblatt-Struktur. Sie sind durch Beziehungen zwischen benachbarten Atomen stabilisiert, die vor allem auf Nebenvalenzen

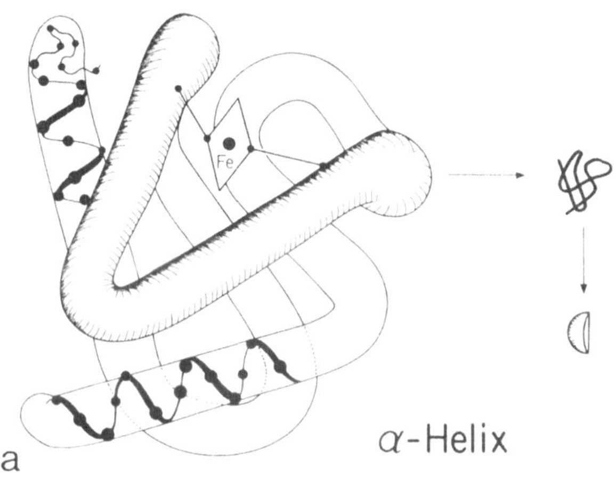

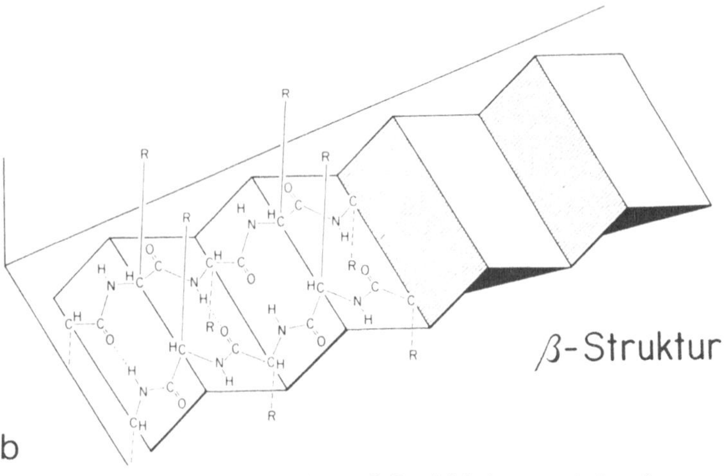

Abb. 1. Struktur der Proteine: die durch Peptidbindungen miteinander ver-
knüpften Aminosäuren (dunkle Punkte in a) sind räumlich in zwei Konfigurationen angeordnet:
a) als α-Helix (Beispiel: Myoglobinmolekül) oder
b) in β-Faltblatt-Struktur (Beispiel: Kollagen-Molekül)
Zeichnerische Vereinfachung entsprechend dem angestrebten didaktischen
Ziel

(kovalente Disulfid- und Wasserstoffbrücken) beruhen. Die Sekundärform ist gewöhnlich so stabil, daß die in sich gewundenen oder die gestreckten Polypeptidketten wie einfache Fäden dargestellt werden können (Abb. 1 a u. b).

1.3. Tertiärstruktur

Die dreidimensionale Anordnung der Polypeptidkette führt zu Interaktionen verschiedener Anteile des Fadens miteinander, z.B. zur Schlingenbildung (Abb. 1). Außer hydrophoben Wechselwirkun-
gen spielen dabei Wasserstoffbrücken und Disulfidbindungen (R_1S–SR_2) zwischen zwei in Nachbarschaft tretenden Cysteinmolekülen eine wichtige Rolle in der Stabilisierung des Moleküls, ebenso wie die Seitenketten (Kohlenhydrat- oder Lipid-Reste).
Die Tertiärstruktur kann sich durch chemische Bindung oder Adsorption niedermolekularer Substanzen verändern. Diese als allosterischer Effekt oder als Faltungsisomerie bezeichnete Konfigurationsänderung ist beim Hämoglobin (mit und ohne O_2 in der taschenartigen Grube des Moleküls, an deren Grund die Häm-Gruppe sitzt) gut bekannt und genau ausgemessen. Ähnliche Veränderungen finden bei Antikörpern als Folge der Bindung an das Antigen statt, vor allem Winkeländerungen in der „Angel-Region" (hinge region) (s. S. 49, Abb. 5).

1.4. Quaternärstruktur

In vielen nativen Proteinen sind mehrere Polypeptidketten zusammengebaut (z. B. die zwei α- und die zwei β-Ketten des Hämoglobins). Ihre gegenseitige räumliche Lage zueinander maskiert bestimmte Wirkgruppen und exponiert andere. Infolgedessen sind die beiden identischen α-Moleküle im quaternären Gefüge des Hämoglobins nicht mehr gleichwertig.
Die komplizierten Verhältnisse werden zeichnerisch dem jeweiligen Zweck entsprechend vereinfacht, indem z. B. jedes Einzelatom, oder nur jede Aminosäure der Polypeptidkette, oder lediglich die räumliche Lage des Fadens der α-Helix dargestellt, oder sogar eine Polypeptidkette auf einen Strich reduziert wird (Abb. 1).

2. Methoden der Proteinanalyse

Proteine sind große Moleküle, die früher mit herkömmlichen Methoden weder analytisch noch präparativ befriedigend untersucht werden konnten. Man sprach von „Kolloiden" (von kolla = Leim und eides = ähnlich), worunter man, von der ursprünglichen Definition Svedbergs abweichend, meistens einfache makromolekulare Lösungen verstand. Alle davon abgeleiteten Begriffe (Kolloidchemie etc.) sind heute entbehrlich, seit von den frühen Vierzigerjahren an eine spezielle chemische Richtung, die Proteinchemie, exakte und genau definierte Methoden entwickelt hat, die zur molekularen Charakterisierung geeignet sind. Die wichtigsten Methoden sind in Tabelle 2 zusammengestellt, die trotz ihrer Länge keinen Anspruch auf Vollständigkeit erhebt. Sie zeigt, wie verschiedene Eigenschaften der Proteinmoleküle zu physikalischer, chemischer, immunologischer und funktioneller Charakterisierung herangezogen werden können.
Für den Kliniker sind alle diese Methoden an sich nur Mittel zum Zweck; er nimmt mit Befriedigung und Bewunderung zur Kenntnis, daß viele Eigenschaften der Proteine mit scharfsinnigen und zum Teil sehr komplizierten Methoden genau gemessen werden können. Was ihn aber im Grunde interessiert, sind dadurch vermittelte Erkenntnisse über biologische Zusammenhänge im gesunden und kranken Körper.
Alle in Tabelle 2 aufgeführten Methoden sind bei speziellen Fragestellungen erfolgreich angewendet worden und stehen heute für Forschungszwecke zur Verfügung. Aber im klinischen Laboratorium sind für die tägliche Arbeit wenige Prinzipien gebräuchlich. Nur bei besonderen Aufgaben muß man überlegen, ob eine Lösung mit ungewöhnlichen Methoden möglich sein könnte.
Eine Besprechung methodischer Details wird hier nicht angestrebt; dafür stehen moderne Übersichtswerke [C 12, E 2, S 9] sowie nützliche Gebrauchsanweisungen der Hersteller einzelner Analysen-Systeme zur Verfügung. Hier sollen lediglich einige Bemerkungen über die klinisch-chemische Anwendung einzelner Methoden der Tabelle 2 gemacht werden:

Tabelle 2. Methoden zur Protein-Analyse und -Charakterisierung

Prinzip	Benutzte/nachgewiesene Eigenschaften
1. Physiko-chemische Methoden	
1.1. Präzipitation	Löslichkeit
1.2. Elektrophorese	Molekül-Ladung
1.3. Ultrazentrifugierung	Molekül-Gewicht
1.4. Gel-Filtration ⎱	⎧ Molekül-Größe und
1.5. Viskosimetrie ⎰	⎩ Molekül-Gestalt
1.6. Chromatographie	Adsorption, Ionenaustausch
1.7. Optische Methoden	Beeinflussung von Strahlen durch Protein-Moleküle
1.7.1. Licht-Absorption	
1.7.2. Licht-Brechung	
1.7.3. Drehung polarisierten Lichtes	
1.7.4. Elektronen-Mikroskopie	
1.7.5. Röntgen-Diffraktion	
1.8. Physikalische Methoden	
1.8.1. Elektronen-Spin-Resonanz (ESR)	
1.8.2. Kern-magnetische Resonanz (NMR)	
1.9. Chemische Analyse	Bausteine
1.9.1. Aminosäuren ⎫	⎧ Quantität, Qualität
1.9.2. Kohlenhydrate ⎬	⎨ Sequenz, Zusammenbau
1.9.3. Lipide ⎭	⎩
1.9.4. Spuren-Elemente	z. B. Metalle
2. Immunochemische Methoden	Protein als Antigen
2.1. Präzipitation	
2.1.1. Klassisches Verfahren	
2.1.2. Immunodiffusions-Verfahren	
2.2. Nephelometrie	
2.3. Antikörper-Verbrauch, Radioimmunologische Messung	
2.4. „Vergrößerungs-Methoden"	Komplement-Verbrauch, passive Hämagglutination
2.5. Immunfluoreszenz	
3. Funktionelle Methoden	
3.1. Enzym-Aktivität	Protein als Wirkstoff
3.2. Antikörper-Aktivität	
4. Biologische Methoden	
4.1. Funktion im Gesamtorganismus	
4.2. Stoffwechsel-Untersuchungen	

ad 1.1.: Durch Veränderung der Salzkonzentration wird die Löslichkeit von Proteinen beeinflußt, so daß einzelne Fraktionen ausfallen. Diese Aussalzungsverfahren bahnten der klinischen Proteinforschung den Weg. Für klinisch-diagnostische Zwecke mußten sie aber wegen mangelnder Spezifität wieder völlig verlassen werden, d. h. die sog. Serumlabilitätsproben (Weltmann-, Takata-Ara-, Cadmium-Test etc.) sind heute obsolet und werden im folgenden nicht mehr erwähnt. − Dagegen bilden hochgradig verfeinerte Aussalzungsverfahren auch heute noch die Grundlage der präparativen Plasmafraktionierung in großem Maßstab. Dabei werden außer der Salzkonzentration auch die Temperatur und der pH-Wert systematisch verändert, sowie organische Lösungsmittel (Alkohol, Äther) und spezielle Fällungsmittel (Rivanol) hinzugefügt. Derartige kombinierte Methoden haben viel zur Reindarstellung von Proteinfraktionen beigetragen (s. II/3).

ad 1.2.: Unterschiede in der Wanderungsgeschwindigkeit im elektrischen Feld erlauben eine reproduzierbare Fraktionierung von Serumproteinen. Dank Verfeinerung und Standardisierung der Technik und Vereinfachung der Apparaturen ist diese Methode heute eine der Grundlagen aller Proteinuntersuchungen. Im klinischen Laboratorium kommen von den verschiedenen Möglichkeiten (Tabelle 3) nur Verfahren mit einem Trägermedium in Betracht; als

Tabelle 3. Elektrophorese(EP)-Modifikationen

1. Trägerfreie EP in Pufferlösungen
2. Träger-EP
2.1. Papier-EP
2.2. Acetat-Folien-EP („Membran-Folien")
2.3. Agarose-Gel-EP
3. Kombinierte EP-Systeme
3.1. Stärke-Gel-EP   ⎫ EP + Molekular-
3.2. Polyacrylamid-Gel-EP ⎭ Sieb-Effekt
3.3. Elektro-Chromatographie
3.4. Immunoelektrophorese = EP + Immunodiffusion
3.5. Zweidimensionale EP
3.6. Zweidimensionale Immuno-EP
3.7. Elektroimmunodiffusion
3.8. Iso-elektrische Fokussierung

solches ist das ursprünglich benutzte Filterpapier in den meisten Laboratorien durch Acetatfolien ersetzt worden, und neuerdings wurde eine weitere Verfeinerung der Auftrennung mit Gel-Trägern (vor allem Agarose) erzielt. Auf Papierträgern können die gleichen Fraktionen, die TISELIUS in der freien Elektrophorese als Albumin, α-, β- und γ-Globuline bezeichnet hat, erkannt werden. Auf Acetatfolien findet man α_1 und α_2 regelmäßig getrennt, und je nach Puffer spalten sich die α_2- und die β-Fraktion wieder in je zwei Unterfraktionen auf. Im Agarosegel nach LAURELL [L 2] sind 8 – 11 Fraktionen zu unterscheiden, und in Polycrylamidgel können bis zu 30 Proteine differenziert werden. Allerdings verringert sich der klinische Nutzen wieder mit dieser hohen Verfeinerung, weil die Auswertung zu kompliziert wird. Es ist wünschenswert, daß dem klinischen Laboratorium in Zukunft neue standardisierte Polyacrylamid-Gele zur Verfügung stehen, da die Herstellung dieses Kunststoffs billiger und besser reproduzierbar ist als diejenige des Naturproduktes Agarose. — Die im Klinik-Labor verwendeten Elektrophorese-Apparate sollten bei einfacher Bedienung billige und reproduzierbare Ergebnisse liefern.

Kombination der Elektrophorese mit anderen Prinzipien bewährt sich vielfältig, da sie die schnelle Trennung auf Grund der elektrischen Ladung mit den Vorteilen eines Molekularsiebeffektes, einer Chromatographie oder einer immunologischen Reaktion vereinigen kann. Im klinischen Laboratorium ist heute die Immunoelektrophorese und die Elektroimmunodiffusion weitverbreitet (2.1.2. und Abb. 2).

ad 1.3.: Die Ultrazentrifuge hat Entscheidendes zur Kenntnis der Proteine beigetragen. Ihre Anwendung im klinischen Laboratorium kommt aber wegen des großen Aufwandes nicht in Frage. Dasselbe gilt vorläufig auch für die Gelfiltration (1.4.), obschon Miniaturisierung und Anpassung an spezielle Zwecke hier wesentliche Vereinfachungen gebracht haben.

ad 1.5.: Messungen der Serumviskosität sind zur Feststellung und Verlaufskontrolle des Hyperviskositätssyndroms (s. S. 124) nötig; ganz einfache Apparate (z. B. nach OSWALD oder nach HESS) genügen, weil klinische Symptome nur bei massiven Veränderungen auftreten.

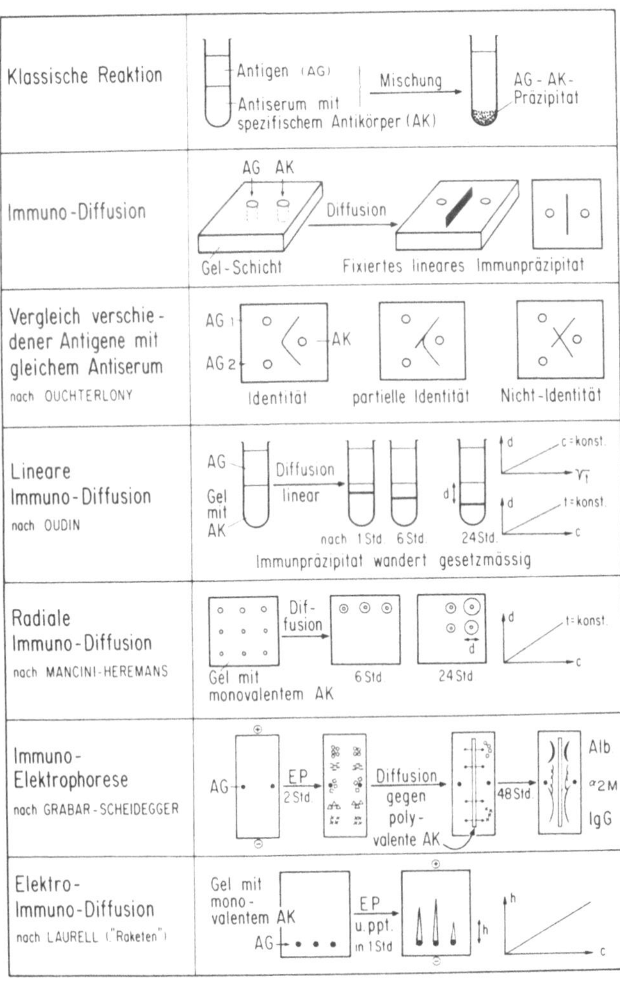

Abb. 2. Immunologische Methoden, wie sie unter anderem für Proteinuntersuchungen eingesetzt werden (s. Text)
Immunologische Methoden, wie sie u. a. für Protein-Untersuchungen eingesetzt werden.

AG = Antigen
AK = Antikörper
EP = Elektrophorese
ppt = Präzipitation

ad 1.6.: Chromatographische Techniken sind einfach, billig und anpassungsfähig, und sie eignen sich deswegen als Teilschritt für zahlreiche Stoff-Anreicherungen. Durch Kombination mit spezifischen Methoden, vor allem mit spezifischen Antikörpern, leisten sie für analytische und präparative Zwecke gute Dienste.

Alle unter 1.7. genannten optischen Methoden sind ausgiebig eingesetzt worden. Für quantitative Messungen wird die Lichtabsorption auch in der Proteinchemie häufig gebraucht. Dabei können alle oder einzelne Proteine spezifisch angefärbt werden, oder man kann ohne Färbung die Gesamtproteinmenge auf Grund der hohen Absorption der Peptidbindung bei 282 nm (Soretbande) messen. Der spezifische Brechungsindex (1.7.2.) von Proteinlösungen wurde schon vor langer Zeit für refraktometrische Messungen benutzt; dank apparativer Verfeinerung und der einfachen Bedienung wird das Refraktometer neuerdings zu Recht wieder vermehrt im klinischen Laboratorium eingesetzt. Die übrigen hier genannten Methoden dienen vor allem der Strukturanalyse, wie die kernmagnetische Resonanz = NMR und die unter 1.8. genannte Messung der Elektronenspin-Resonanz, mit der freie Radikale nachgewiesen werden können.

ad 1.9.: Die chemische Element-Analyse von Gesamtplasma hat kaum biologische Einsichten vermittelt, dagegen bildet sie eine der grundsätzlich wichtigen chemischen Untersuchungen von Reinproteinen. Dank besonderen, den Riesenproteinen angepaßten Techniken ist eine schonende Zerlegung in Untereinheiten mit anschließendem weiteren Abbau bis zu den Bausteinen (Aminosäuren, Kohlenhydrate u. a.) möglich geworden. Derartige Arbeiten sind nur in hochspezialisierten Forschungs-Laboratorien durchführbar.

ad 2.: Immunochemische Methoden
Grundreagentien sind hier spezifische Antiseren, die gewöhnlich in Versuchstieren erzeugt werden, und die bestimmte Gruppen oder Konfigurationen von Proteinmolekülen erkennen können; das zu untersuchende Protein ist hier also das Antigen. Im klassischen Verfahren (2.1.1.) wird die Quantität des gebildeten Präzipitats gemessen und mit den Werten der Eichkurve verglichen. Diese Methode ist umständlich und zeitraubend, was ihre Verwendung im klini-

schen Laboratorium ausschließt. Wenn man die Reaktion aber in einem halbfesten Gel ablaufen läßt, werden Einzelteilchen des Präzipitats in dessen Netzwerk festgehalten (Abb. 2). Bei geeigneter geometrischer Anordnung von Antikörper- und Antigenquelle entstehen dabei zusammenhängende Linien. Das systematische Studium hat interessante Gesetzmäßigkeiten erkennen lassen: Qualitativ kann Identität, partielle Identität und Nichtidentität von zwei Antigenen nachgewiesen werden; quantitativ ergeben sich bei Annahme völlig freier Diffusion einfache Gesetzmässigkeiten, die z. B. die Konzentrationsmessung in zahlreichen Proben erlauben. Die radiale Immunodiffusionsmethode ist zurzeit die am meisten verwendete Methode zur Konzentrationsmessung bestimmter Plasmaproteine [E 2].

ad 2.2.: Wenn die Antigen-Antikörper-Reaktion in großer Verdünnung abläuft, bleiben die entstehenden Komplexe suspendiert; unter Ausnützung des Tyndall-Effektes können sie quantitativ gemessen werden. Diese Methode kann nach Überwindung großer technischer Schwierigkeiten heute dank Auswertung mit dem Autoanalyzer erfolgreich im klinischen Labor angewendet werden. Der heute verfügbare Apparat erreicht die geforderte Genauigkeit bei außerordentlicher Leistungsfähigkeit (70–100 Analysen pro Stunde).

ad 2.3.: Bei sehr geringen Antigenkonzentrationen haben sich Umwege in der Messung bewährt: So kann der Verbrauch von Antiserum durch Rücktitrieren gemessen werden, wobei für diesen Schritt radioaktiv markiertes Reinantigen eingesetzt werden kann (Radioimmun-Messung = radio immuno assay = RIA) [J 2, S 15]. Dieser Umweg erlaubt es, die Empfindlichkeit bis in die Nanogramm-Region zu steigern. Dank dieser hohen Empfindlichkeit können zahlreiche Stoffe heute im RIA bestimmt werden (Tabelle 4), viele mit weitgehend vorbereiteten Reagentien („Kits") des Handels.
Auf ähnlichem Prinzip beruhen die unter 2.4. als „Vergrößerungsmethoden" zusammengefaßten Möglichkeiten: die alte Komplementbindungsreaktion, die einerseits von der Aktivierung zahlreicher Komplementmoleküle durch jedes einzelne gebunde Antikörpermolekül profitiert, andererseits vom hochempfindlichen Nachweis der übrig bleibenden Komplementaktivität. Auf ganz anderem Prinzip beruhen die Hämagglutinationsmethoden: Dabei wird Rein-

Tabelle 4. Radio-Immun-Bestimmungen (Radio-immuno-assay = RIA

Stoffgruppen, für die RIA ausgearbeitet sind:
(ausführliche Angaben: [I 4, P 1]
Plasmaproteine: z. B. IgE
Protein-Hormone: z. B. Insulin, Wuchshormon
Peptid-Hormone: z. B. ACTH, Vasopressin
Steroid-Hormone: z. B. Kortikosteroide, Androgene
Thyreoidea-Hormone: z. B. T_4
Prostaglandine
Cyclisches Adenosin-Monophosphat (cAMP)
Coenzyme und Vitamine
Enzyme
Arzneimittel: z. B. Digoxin, Barbiturate
Tumorassoziierte Antigene
Hepatitis-Antigene (HB_s und HB_c)

Tabelle 5. Empfindlichkeitsvergleich immunologischer Bestimmungsmethoden: untere Nachweis-Grenze (mg/l)

Doppeldiffusion (Ouchterlony)	40
Präzipitatanalyse (Heidelberger)	12
Lineare Immundiffusion (Oudin)	12
Radiale Immundiffusion (Mancini)	10
Flockungstest	1,3
Ringtest	0,2
Komplementbindungsreaktion	0,1
Indirekte Hämagglutination	0,02
Hämagglutinationshemmtest	0,006
Radioimmunologische Messung (RIA)	0,00005

antigen auf die Oberfläche von Partikeln — ursprünglich von Erythrozyten, neuerdings von künstlichen Stoffen wie Latex — fixiert. Vorhandene Antikörper hängen solche Partikel aneinander, woraus eine makroskopisch (ev. mikroskopisch) sichtbare Agglutination resultiert. Analog zu dem dadurch ermöglichten Antikörpernachweis kann durch ein Hilfssystem — titrierte Antikörperlösung — in der „passiven Hämagglutination" die unbekannte Konzentration eines bestimmten Antigens gemessen werden. Das zur Messung der Antigen-Antikörper-Reaktion eingesetzte Verfahren bestimmt die Emp-

14

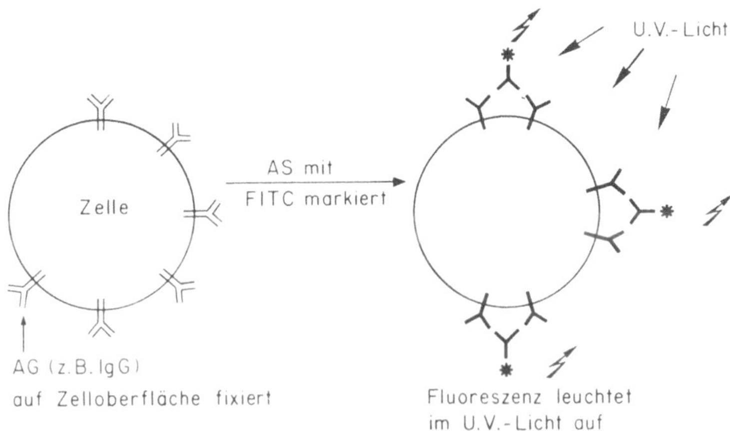

Abb. 3. Immunfluoreszenz: ein Antigen (z. B. IgG) wird auf einer Zellstruktur (z. B. Zellmembran) sichtbar gemacht mit Hilfe eines fluoreszierenden spezifischen Antiserums (AS), das mit Fluoreszein-Isothiozyanat (FITC) gekoppelt ist. Das Fluoreszein (*) leuchtet im Ultraviolettlicht auf ($\nmid$)

findlichkeit, die um etwa 6 Größenordnungen auseinandergeht. Das benutzte Meß-Verfahren soll der Fragestellung angepaßt sein (Tabelle 5).

ad 2.5.: Die Lokalisation von Antigenen in Geweben ist mit spezifischen markierten Antikörpern möglich (Abb. 3). Die Moleküle dieses Reagens tragen einerseits die Antikörperspezifität, andererseits die Markiersubstanz (z. B. Fluorescein oder Rhodamin u. a.), durch die sie im Gewebe sichtbar gemacht werden können. In jüngster Zeit sind auf diese Weise wesentliche Erkenntnisse über die Syntheseorte der Plasmaproteine gewonnen worden. Ferner fand man, daß Immunglobuline als Zellmarker für die Zytologie des Immunsystems von Interesse sind.

ad 3.: Zahlreiche Proteine haben Wirkstoffaktivität (z. B. Enzyme oder Antikörper), die ihren Nachweis in sehr geringen Konzentrationen ermöglicht; enzym-immunologische Methoden sind außerordentlich empfindlich. Biologische Methoden (4.) sind meist aufwendig, aber bei speziellen klinischen Fällen entscheidend wichtig.

3. Wertigkeit einzelner Methoden und allgemeiner Untersuchungsplan

Im klinischen Routinelaboratorium drohen ständig zwei Gefahren: Beibehaltung antiquierter, überholter Methoden auf der einen Seite führt zur Erstarrung, während andererseits die kritiklose Übernahme jeder neuen Methode mit der Anhäufung unnützer Daten enden kann. Dem Kliniker kommt die schwierige Aufgabe zu, seinen Patienten sicher zwischen der Skylla des Antiquierten und der Charybdis der unausgegorenen Neuerungen hindurchzusteuern; zudem soll er das optimale Resultat mit möglichst geringen Kosten erzielen. Die dabei unvermeidliche Auswahl erfolgt teilweise willkürlich, was auch für die folgenden Leitsätze gilt, über welche sich Kliniker und Laboratoriumsleiter einigen sollten, wenn sie sinnvoll zusammenarbeiten wollen:

3.1

Für jede Laboratoriumsuntersuchung soll eine klare klinische Indikation vorliegen (Fragestellung an das Labor).

3.2

Indikationen können nur bei Kenntnis der Patho-Physiologie gestellt werden. Darüber sollte der Kliniker den Laborleiter informieren können (pathophysiologische Grundlagen).

3.3

Über die Leistungsfähigkeit der verwendeten Methoden muß der Laborleiter den Kliniker unterrichten (methodische Grundlagen). Die Labormethoden sollen so genau wie nötig, aber gleichzeitig so einfach wie möglich sein. – Dazu zwei Beispiele: Jede Untersuchung ist sinnlos, wenn die Laborgenauigkeit im Milligramm-Bereich liegt, die pathophysiologisch relevanten Veränderungen sich aber im Nanogramm-Bereich bewegen. Andererseits ist es unnötig, ein teures Spektrophotometer einzusetzen, wo ein einfaches mit Filtern ausgestattetes Gerät genügend exakt ist.

3.4

Rangfolge der Untersuchungen: Die für den Patienten verantwortlichen Ärzte und Laborleiter sollten sich überlegen, welches Gewicht einer Untersuchung zukommt; die Abstufung kann folgendermaßen schematisiert werden (Tabelle 6):

3.4.1. Orientierende Untersuchung (Routine)

In jeder Klinik werden gewisse Untersuchungen routinemäßig und ohne Diskussion bei allen Patienten durchgeführt. Diese Teste sollen einfach, billig und möglichst aussagekräftig sein. Ihre Auswahl sollte von allen Verantwortlichen in größeren Zeitintervallen revidiert, in der Zwischenzeit aber nicht in Frage gestellt werden.

3.4.2. Identifizierende Untersuchung (Spezial-Untersuchungen)

Viele Krankheiten weisen nicht nur pathognomonische klinische Symptome, sondern auch typische Laborbefunde auf. Diese müssen in erster Linie dem Kliniker bekannt sein, der sie gezielt und vielleicht nur selten verlangt. Der Laborleiter hat für die gewissenhafte Ausführung zu sorgen; bei der großen Anzahl heute möglicher Untersuchungen soll er von seinem Recht Gebrauch machen, den Untersuchungsauftrag an spezialisierte Laboratorien weiterzugeben.

3.4.3. Wissenschaftliche Projekte

Wenn wissenschaftliches Interesse an einem speziellen Problem besteht, werden bei bestimmten Patienten Untersuchungen wünschbar, die über das diagnostisch nötige Mindestmaß hinausgehen. Die

Tabelle 6. Richtlinien zur Untersuchung von Plasmaproteinen und zur Beurteilung der Befunde

KLINIK

Anamnese
Genetik   Verdacht auf Protein-Störung
Klinische Befunde

Routine-Untersuchungen (kleines Proteinogramm)			*Spezial-Untersuchungen* (großes Proteinogramm)		
Methode	Resultat	Konsequenz	Methode	Resultat	Diagnostischer Wert
Senkungs-Reaktion	normal = no	keine weitere Abklärung	a) quantitative	normal	$\pm$
	erhöht = $\uparrow$	$\rightarrow$ Spezial-Untersuchung a–g	Einzelbe-	pathologisch	$\pm$ bis $++$
Gesamt-Protein	no = Normoproteinämie	keine	stimmung		
	$\downarrow$ = Hypoproteinämie	$\rightarrow$ a, b, d, e, g	b) Immuno-	normal	$-$
	$\uparrow$ = Hyperproteinämie	$\rightarrow$ a, b	EP	pathologisch	$\pm$
Elektrophorese	no = Euproteinämie	keine	c) Knochen-	normal	$-$
	Pathoproteinämie		mark und	pathologisch	$+/++$
	Defekt-Proteinämie	$\rightarrow$ a, (d), e	andere		
	Monoklonale Proteinämie	$\rightarrow$ a–c	Biopsien		
	Dysproteinämie	$\rightarrow$ keine oder a–c	d) Urin-	normal	$+$
			Proteine	pathologisch	$++$
Urin-Status	normal	keine	e) Immun-	normal	$+$
	Proteinurie	$\rightarrow$ a–c	Status	pathologisch	$++$
	Bence-Jones-Protein	$\rightarrow$ (a), b, d	f) Enzyme	normal	$+$
	Bilirubinurie	$\rightarrow$ f		pathologisch	$\pm/++$
			g) Andere		

heute postulierte vollumfängliche Aufklärung des Patienten ist in der Praxis oft problematisch. Die Möglichkeit von Interessenkollisionen muß vorausgesehen und gegebenenfalls mit einem zuständigen ethischen Komitee oder einer vergleichbaren Instanz besprochen werden. Verschiedene ärztliche Gesellschaften oder Institutionen haben Richtlinien über Forschungsuntersuchungen am Menschen erarbeitet, an denen sich ihre Mitglieder im Zweifelsfall orientieren können [S 10].

4. Praktische Durchführung
spezieller Plasmaproteinuntersuchungen (Tabelle 6)

4.1. Routineuntersuchungen

Die *Senkungsreaktion* nach WESTERGREN wird in vielen Kliniken, Polikliniken und Arztpraxen bei jedem Patienten mindestens einmal durchgeführt. Man erwartet davon meist nur die Differenzierung „normal/nicht normal". Einer Erhöhung der Senkungsgeschwindigkeit können sehr viele Ursachen zu Grunde liegen, deren Differentialdiagnose vor Einleitung zusätzlicher Untersuchungen zu überlegen ist. Da aber auch normale Senkungsgeschwindigkeit bei schweren pathologischen Veränderungen (inklusive metastasierenden Karzinomen) vorkommt, halten manche Ärzte die Aussagekraft für so klein, daß sogar der geringe Aufwand zu groß sei.
Leider werden allerdings zusätzliche Aussagen der Senkungsreaktion oft übersehen, da sie meistens von diesbezüglich ungeschultem Personal abgelesen wird. Folgende Möglichkeiten sollten beachtet werden: Lipämisches Plasma ist trüb oder milchig, und/oder es kann eine Fettschicht an der Oberfläche bilden („aufrahmen"). Bilirubinerhöhung wird von bloßem Auge an der gelblichen Verfärbung erkannt, während Eisenverminderung bei völlig farblosem Serum zu vermuten ist. Bei extrem hoher Senkung soll der Ansatz nach Resuspension der Erythrozyten wiederholt werden, anschließend ist das Röhrchen alle 5 Minuten zu inspizieren: Verklumpung von Erythrozyten deutet auf Autoantikörper oder Kälteagglutinine („Schleiersenkung"), oder läßt an das Vorliegen eines Paraproteins

denken. Dank diesen potientellen Vorteilen beurteilen wir die Bilanz für die Senkungsreaktion als positiv, und wir plädieren deshalb für ihre Beibehaltung.

Die *Gesamtprotein-Bestimmung* bildet die Grundlage für alle weiteren Untersuchungen, hat hohen diagnostischen Aussagewert und erreicht auch mit sehr einfachen Methoden genügende Genauigkeit (Refraktometrie, Biuret, spezifisches Gewicht u. a.).

Elektrophorese auf Papier, Acetatfolien oder Agarose: Globalmethode, die einen Überblick über alle Proteinfraktionen erlaubt. Sie kann mit heute erhältlichen Apparaten in großer Anzahl und mit geringem Aufwand durchgeführt werden. Sie sollte immer verlangt werden, wenn Störungen in Betracht kommen, die den Proteinstoffwechsel in Mitleidenschaft ziehen. Wir sind der Meinung, daß dieser globale Überblick so wichtig ist, daß die Elektrophorese nie unterlassen werden soll, wenn zusätzliche Proteinuntersuchungen verlangt werden. Sie dient zugleich auch als Qualitätskontrolle für kompliziertere und aufwendigere Verfahren [L 2]. – Diese Ansicht ist nicht unbestritten, denn manche Autoren schreiben spezifischen Proteinbestimmungen so viel höhere Aussagekraft zu, daß sie die Globalmethode der Elektrophorese fast für überflüssig halten.

Auch über den Grad der Perfektion der elektrophoretischen Untersuchung gehen die Ansichten auseinander: Im Sinne des allgemeinen Überblicks halten wir die Inspektion durch eine geübte Person für wesentlich, dagegen die quantitative Auswertung in vielen Fällen für nebensächlich. Dies gilt auch dort, wo ein halb-automatisches Auswertegerät zur Verfügung steht, weil der Zeitaufwand pro Elektrophorese trotzdem beträchtlich ist; es gilt aber nicht mehr bei modernsten Geräten, die jeden Streifen vollautomatisch auswerten und die Ergebnisse ausdrucken. Die hohe finanzielle Investition verteilt sich dabei anteilmäßig auf die einzelnen Analysen, so daß sie in sehr großen Laboratorien möglicherweise gerechtfertigt ist, jedoch nie bei kleinen Analysen-Zahlen. Die Inspektion mit bloßem Auge ist auch dann nicht überflüssig; sie erfaßt: technische Störungen (Streifen verwerfen, Untersuchung wiederholen), Verminderung oder Vermehrung einzelner Fraktionen, zusätzliche oder ungewöhnlich gestaltete oder gefärbte Fraktionen (veranlaßt zu weiteren gezielten Untersuchungen, z. B. der Immunglobuline).

20

Urin-Untersuchung: In unserem Zusammenhang fahndet man damit nach einer Proteinurie, die zu weiteren diagnostischen Maßnahmen veranlassen würde.

Unseres Erachtens genügen diese vier Routine-Untersuchungen als Basis. Jedes weitergehende Laboratoriumsprogramm muß individuell auf Grund der klinischen Indikation oder pathologischer Befunde der Routinetests aufgestellt werden (Tabelle 6).

4.2. Spezielle Untersuchungen

4.2.1. Quantitative Bestimmung einzelner Proteinfraktionen

Mit Hilfe *spezifischer Antiseren* können zahlreiche genau identifizierte Proteinfraktionen heute quantitativ bestimmt werden. In der radialen Immunodiffusion (MANCINI-HEREMANS) steht eine relativ einfache und doch exakte Untersuchungsmethode zur Verfügung, mit der zahlreiche Proben untersucht werden können. Kombination mit Elektrophorese (Elektroimmuno-Diffusion) beschleunigt das Verfahren ohne Verlust an Präzision. Nephelometrische Bestimmung im Autoanalyzer erhöht die Leistungsfähigkeit noch um ein Vielfaches, und da die Resultate schon nach wenigen Stunden abgeliefert werden können, ist ihre sofortige Verwertung möglich. Aus der konsequenten Durchführung resultieren „Proteinprofile" mit routinemäßiger Bestimmung von ein bis zwei Dutzend Serumproteinen [L 2, R 5]. Die technischen Möglichkeiten erlauben die Koppelung des Autoanalyzers mit einem Computer, in dem Normalwerte, Standardabweichungen und Diagnosen gespeichert sind, so daß mit dem Ausdruck der Ergebnisse gleichzeitig die pathologischen Abweichungen und die differentialdiagnostisch in Frage kommenden Erkrankungen angegeben werden können [R 5].

Derartige Untersuchungen zeigen die großen Möglichkeiten, gleichzeitig aber auch die Grenzen der Bestimmung einzelner Proteine auf. Sie sind im jetzigen Zeitpunkt als bahnbrechende Forschungsarbeiten anzusehen, können aber für Klinik-Laboratorien nicht zur Nachahmung empfohlen werden. An ausführlichen Verlaufskontrollen individueller Patienten gewonnene Ergebnisse haben vielmehr erkennen lassen, welche Meßgrößen zu bestimmten Zeiten relevant sind; wir stellen uns hier die Aufgabe, die praktisch verwertbaren Ergebnisse derartig gezielter Befunde in den speziellen Kapiteln hervorzuheben.

Während die immunologischen Methoden (einschließlich Radioimmunbestimmungen) praktisch auf alle Proteine anwendbar sind, gibt es spezielle Verfahren, die für die Messung je einer einzelnen Fraktion geeignet sind. Sie basieren auf einer diesem Protein allein zukommenden Eigenschaft, z. B. einer spezifischen *Bindungs-Kapazität* (wie für Eisen beim Transferrin, für Hämoglobin beim Haptoglobin, für Häm beim Hämopexin), oder einer *spezifischen Aktivität* (z. B. als Enzym, als Gerinnungsfaktor oder als Antikörper). Die Grundlagen und Einzelheiten der Methodik [A 6, C 12, E 2, P 11] sind so verschieden, daß die heute existierende Aufteilung auf zahlreiche Speziallaboratorien gerechtfertigt erscheint; der Nachteil gegenüber den methodisch einheitlichen immunologischen Bestimmungen ist offensichtlich.

4.2.2. Immunoelektrophorese

Diese Kombination von elektrophoretischer Auftrennung und immunologischer Reaktion erlaubt den gleichzeitigen qualitativen Nachweis und die semiquantitative Schätzung zahlreicher Serumproteine. Die Methode hat bei ihrer Einführung vor 25 Jahren revolutionierend gewirkt und den Anstoß zu unzähligen Untersuchungen auf dem Gebiete der Plasmaproteine gegeben (z. B. [H 7]). Sie ist aber unterdessen von der quantitativen Bestimmung von Einzelproteinen überholt worden. Im klinischen Labor ist ihr als einziger unbestrittener Platz die Untersuchung von monoklonalen Immunglobulinen geblieben. Der gelegentlich geäußerten Ansicht, daß sie die einfache Elektrophorese ersetzen könne, pflichten wir wegen ihrer geringeren globalen Aussagekraft keineswegs bei. Als Nachteil wirkt sich zudem der beträchtlich höhere arbeitsmäßige und finanzielle Aufwand der Immunoelektrophorese aus. Modifikationen mit dem Ziel einer simultanen quantitativen Messung zahlreicher Proteinfraktionen sind entweder zu ungenau [A 3] oder zu kompliziert. Unbestritten ist ihre Leistungsfähigkeit für spezielle Fragestellungen in der Forschung, insbesondere zur Identifizierung unbekannter

Proteine oder Antikörper, oder zum Nachweis von Iso-Proteinen in der gekreuzten oder in der zweidimensionalen Immunoelektrophorese.

4.2.3. Sonstige Untersuchungen

Anamnese, klinischer Befund und erste Ergebnisse der Labor-Routineuntersuchungen veranlassen zu speziellen Organ- oder Systemuntersuchungen; die wichtigsten im Hinblick auf Protein-Synthese und Verbrauch sind in Tabelle 6 unter c) bis f) aufgeführt.

4.3. Befunderstellung

Die Ansichten über Beurteilung von Laboratoriumsbefunden gehen weit auseinander: Kliniker alten Stils ordnen die von Laboratoriumsgehilfen abgelieferten Befunde souverän in ihre klinische Konzeption ein, während strikte auf das Laboratorium ausgerichtete Mediziner meinen, daß ein Paket typischer Laboratoriumsbefunde zur Diagnose genüge. Das sowohl für den Patienten als auch für den Kostenträger optimale Verfahren liegt wohl irgendwo zwischen den Extremen.
Als Folge dieser verschiedenen Auffassungen werden Laboruntersuchungen und ihre Resultate sehr unterschiedlich gehandhabt: Manche Laborleiter erfüllen lediglich die Wünsche ihrer Einsender; andere bemühen sich um sinnvolle Ergänzungen aufgrund ihrer Befunde und Überlegungen (z. B. Immunoelektrophorese bei Auffindung eines schmalbasigen Immunoglobulin-Gradienten in der Papierelektrophorese etc.). Die einen enthalten sich jeden Kommentars, andere geben Normalwerte an und erwähnen differentialdiagnostische Möglichkeiten (z. B. [R 5]). − Wir meinen, daß auch dieses medizinische Spezialgebiet so viel Einarbeitung erfordert, daß nur die Zusammenarbeit von Kliniker und Laborleiter optimale Leistungen ergibt: Z. B. ist die Berücksichtigung von Fehlerquellen dem Kliniker zu wenig vertraut und wird deswegen oft vernachlässigt. Die Kenntnis der Normalwerte und ihrer Schwankungsbreite muß ebenso erarbeitet werden wie z. B. beim Elektrokardiogramm,

gegen dessen Ausmessung und Auswertung durch Spezialisten heute wohl kaum mehr Einwände erhoben werden. Schließlich braucht es zur Beurteilung pathologischer Abweichungen besonderes Wissen über Klinik, Pathophysiologie und Laboratorium.

Als Leitfaden für die Beurteilung normaler und pathologischer Befunde und für die u. U. notwendig werdende Ergänzung durch spezialisierte Untersuchungen soll Tabelle 6 dienen.
Im Bestreben einer knappen Charakterisierung typischer Situationen wurden von WUHRMANN [W 13, W 14] acht *„Reaktionskonstellationen"* abgegrenzt, die sich im deutschen Sprachgebiet weitgehend eingebürgert haben. Sie sind durch das Zusammentreffen definierter Befunde umschrieben, die teilweise auf heute obsoleten Methoden basieren. Weil dieser Terminus zudem nur die reaktive Phase berücksichtigt, die primäre pathologische Veränderung aber unberücksichtigt läßt, werden wir ihn nicht benutzen. Die von WUHRMANN vorgeschlagene Einteilung werden wir für die reaktiven Veränderungen teilweise übernehmen.
Der Ausdruck *Proteinogramm* umschreibt genau die auf Grund von Protein-Bestimmungen nach Tabelle 6 möglichen Aussagen, er ist allerdings noch wenig gebräuchlich. Unter einem „kleinen Proteinogramm" verstehen wir die Aussagen der Routineuntersuchungen in Tabelle 6; es kann beliebig erweitert werden.

4.4. Fehlerquellen

Der Arzt erwartet vom Untersuchungsergebnis die Reflektion des Krankheitszustandes eines Patienten. Häufig berücksichtigt er dabei zu wenig, daß viele krankheitsunabhängige Faktoren das Resultat von Laboruntersuchungen stören können. Je besser für den Ausschluß derartiger Störfaktoren Gewähr geboten ist und je mehr ein Resultat von der physiologischen Schwankungsbreite abweicht, desto höherer diagnostischer Wert kommt ihm zu. Die Fehlerquellen können einerseits aus der Pathophysiologie erklärbar sein, also beim Patienten in seinem Ausnahme-Zustand liegen, andererseits technische Gründe haben, d. h. bei Entnahme, Transport und Verarbeitung des Materials auftreten [C 12]. Für Untersuchungen an Plasmaproteinen sind vor allem folgende Faktoren zu berücksichtigen:

24

4.4.1. Pathophysiologische Fehlerquellen

Veränderungen der Hydrämie beeinflussen den Gesamtproteingehalt. Exsikkose äußert sich in zu hohem Proteinwert, Überhydrierung in zu niedrigem (umgekehrt kann wiederholte Bestimmung des Gesamtproteins nützlich sein, um die Korrektur der genannten Störungen zu verfolgen). Die Körperposition beeinflußt die Proteinämie stark: Bei der gleichen Versuchsperson ist sie in liegender Stellung am niedrigsten, steigt nach aufrechtem Stehen um 8% und nach Muskelarbeit um weitere 6–12% an [H 7]. Kleine Kinder sind normalerweise hydrolabil, deswegen beeinflußt Flüssigkeitszufuhr und -verlust bei ihnen die Konzentration des Gesamtproteins sehr stark. Der Einfluß von Nahrungsaufnahme ist besonders bei den Lipoproteinen und bei den Lipiden sehr wichtig, deswegen ist für diese Untersuchungen eine vorgängige Fastenperiode von 8–12 Stunden zu beachten; zu langes Fasten und prolongiertes Hungern können umgekehrt wieder zu Lipid-Mobilisierung führen. Medikamente können Fehler vortäuschen, z. B. Sulfonamide, die gleiche Bindungsstellen am Albumin besetzen wie gewisse für die Albuminbestimmung verwendete Farbstoffe. Gerinnungsproteine werden sehr schnell aktiviert, z. B. schon durch langdauernde/venöse Stauung und mechanische Irritation bei schwieriger Blutentnahme etc.

4.4.2. Technische Fehlerquellen

Sie reichen von ungeeigneter Entnahme der Blutproben (z. B. länger dauernder venöser Stauung) über ungeeignete Beimischungen (Verdünnung mit Antikoagulantien) und Kontamination durch zelluläre Proteine (Hämolyse), unzweckmäßigen Transport und falsche Lagerung (Tieffrieren von Lipoproteinen sprengt das Molekül) bis zu den zahlreichen Fehlerquellen im Laboratorium. Bei den letzteren kann unterschieden werden zwischen methodeninhärenten und subjektabhängigen Fehlern. Durch sorgfältige Qualitätskontrolle können grobe Fehler weitgehend vermindert und die methoden-abhängigen Fehlerbreiten zuverlässig bestimmt werden (Berechnung von Richtigkeit und Präzision s. [C 12]).

4.5. Maße und Einheiten

Entsprechend den Empfehlungen mehrerer wissenschaftlicher Körperschaften [K 7] geben wir Protein-Konzentrationen in der Regel in mg/l oder in g/l an; dagegen unterlassen wir die ebenfalls oft benutzten Angaben in mg/ml, mg/dl = mg%, µg/ml etc. Bei unbekanntem Molekulargewicht wurden willkürliche Einheiten (E/ml) vorgeschlagen, insbesondere bei den Immunglobulinen (s. S. 80).

5. Eigenschaften klinisch bedeutsamer Plasmaproteine

Alle in der Klinik heute verwendeten Bücher und Leitfaden über Plasmaproteine [A 6, E 2, H 7, K 3, P 11, S 9, W 12] sind grundsätzlich nach elektrophoretischen Kriterien gegliedert, d. h. sie gehen von den vier in der freien Elektrophorese abgegrenzten Fraktionen aus (Albumin und die Globuline α, β und γ nach TISELIUS). Andere Fraktionierungsmethoden erlaubten die Isolierung chemisch einheitlicher Proteine; teilweise entsprachen sie der elektrophoretischen Abgrenzung (z. B. Albumin), teilweise überschritten sie aber deren Grenzen (z. B. die Immunglobuline). Dank der konsequenten Arbeit zahlreicher Proteinchemiker sind heute über 100 Plasmaproteine isoliert und chemisch weitgehend charakterisiert. Von bestimmten Merkmalen der chemischen Struktur ausgehende Einteilungen (z. B. Glykoproteine, Lipoproteine, etc.) lassen jedoch nur einen Bruchteil dieser Fraktionen in sinnvoll erscheinende Gruppen zusammenfassen, ergeben aber keine lückenlose Systematik.

Für den Kliniker sind allein die Funktionen der Proteine von Interesse. Einen ersten Versuch zu einer funktionellen Einteilung stellte die Umschreibung des Begriffs der Immunglobuline dar, aber die konsequente Weiterführung auf alle jetzt bekannten Proteine ist noch nie versucht worden. Ihre Grenze liegt dort, wo die Funktionen von Proteinen noch nicht bekannt sind. Da gerade dieser Bereich bei unserer Zielsetzung wegfallen kann, unternehmen wir den Versuch einer grundsätzlich von den Funktionen ausgehenden Einteilung. In Tabelle 7 werden den für Kliniker interessanten Funktio-

26

nen die von Chemikern ermittelten Daten an die Seite gestellt; sie bestimmen weitgehend die physikalisch-chemischen Eigenschaften, die Nachweis und Messung der betreffenden Fraktionen erlauben. Da „die Funktion einer Substanz nicht zu verstehen ist, wenn sie nicht rein isoliert vorliegt" [S 9], soll auch der klinisch tätige Arzt sich für die physiko-chemischen Aspekte interessieren. Es soll versucht werden, dem Kliniker die Auswirkungen molekularbiologischer Besonderheiten auf pathophysiologische Phänomene aufzuzeigen, vor allem wenn sie bei seinen täglichen diagnostischen und therapeutischen Überlegungen am Krankenbett von Nutzen sein können. — Zur Bestimmungstechnik werden nur kurze Hinweise gemacht; wenn nichts vermerkt ist, gibt es nur (oder vor allem) die immunologische Bestimmung mit spezifischen Antiseren.

5.1. Entwicklungsabhängige (phasenspezifische) Proteine

Die Proteine in dieser Gruppe werden normalerweise nur in einer beschränkten Phase der ontogenetischen Entwicklung in größeren Mengen gebildet und werden deswegen als „phasenspezifische Antigene" zusammengefaßt. — Ihre Bestimmung erfolgt mit immunologischen Methoden.

5.1.1. Embryonale, fetale und onkofetale Proteine

Diese Proteine werden vom Keimling in bestimmten Gestationsphasen synthetisiert. Sie können in das Blut der Mutter oder in das Fruchtwasser übertreten. Im postnatalen Leben ist ihre Syntheserate so stark gedrosselt, daß man sie nicht mehr oder nur noch mit besonders empfindlichen Methoden nachweisen kann. In den Zellen gewisser maligner Tumoren kann die Synthese reaktiviert werden, so daß „fetales" Antigen im Blut des erwachsenen Tumorträgers in beträchtlicher Menge nachweisbar wird.

5.1.1.1. Fetuin

Fetuin ist ein Glykoprotein des Rinderserums, das hier nur genannt wird, um festzuhalten, daß es sich vom menschlichen α_1-Foetopro-

Tabelle 7. Eigenschaften klinisch bedeutsamer Plasmaproteine
1. Entwicklungs-abhängige Proteine (phasen-spezifische Proteine)
1.1. Embryonale, foetale, oncofoetale Proteine

Protein (und Synonyme)	Klinische Bedeutung	$K^{a)}$ mg/l	$EP^{b)}$	$MG^{c)}$
1.1.1. Fetuin = bovines, fetales Protein	–	–	α_1-5,6	48
1.1.2. α_1-Foetoprotein = α_{1F} humanes α_1-Fetuin	Hormontransport? Immunoregulation	<0,1	α_1-6,08	64
1.1.3. Karzino-embryonales Antigen = CEA	Reaktivierung	<2,5		200
1.1.4. β-onkofoetales Antigen = BOFA	Malignomdiagnostik		β	70–90
1.1.5. γ-Foetoprotein			ja	?

1.2. Schwangerschafts-assoziierte Proteine

Protein (und Synonyme)	Klinische Bedeutung	$K^{a)}$ mg/l	$EP^{b)}$	$MG^{c)}$
1.2.1. SP$_1$	Schwangerschafts-spezifisch	–	β_1	?
1.2.2. SP$_2$ (= AP-Glykoprotein = T-Globulin)	Protein der akuten Phase? nicht SS-spezifisch	–	β_1	
1.2.3. SP$_3$ (= α_2AP-Glykoprotein = α_2PAG = xh)	Protein der akuten Phase? nicht SS-spezifisch Immunosuppressiv?	–	α_2	326
1.2.4. PAM = pregnancy-associated macroglobulin (= PAG = p. a. globulin)		–	α	506

2. Transport-Proteine

			K[a]	EP[b]	MG[c]
2.1.	Albumin = Alb.	Onkotischer Druck, Transport vieler Stoffe	35 000–45 000	5,92	66,3
2.2.	Präalbumin = PA = thyroxinbindendes PA	Thyroxinbindung, Kompetition mit Barbituraten	100–400	7,6	55
2.3.	Transcortin = Cortisol-binding globulin = CBG = steroidbindendes α_1-Globulin	Temperatur-abhängige Cortisol-Bindung	70	α_1	55,7
2.4.	Metallbindendes Protein (α_1-9,5 S-Glykoprotein)	Ladungs-Neutralisierung von Metall-Ionen	30–80	α_1	308
2.5.	Haptoglobin = Hp Typ 1-1 Typ 2-2	Hämoglobinbindung Protein der akuten Phase Genetischer Polymorphismus	300–1900	α_2 4,5	100 400
2.6.	Hämopexin = Hx (heme-binding β-globulin, Seromucoid β_{1B}-Globulin, Cytochromophilin)	Bindet Häm äquimolar	500–1150	β_1 3,1	57
2.7.	Retinolbindendes Protein (α_2 RBP)	Bindet Vitamin A	30–60	α_2	21
2.8.	Transcobalamine I–III Vitamin B_{12} bindende Proteine	Vitamin B_{12}-Transport		α_1–β_1	
	TC II		0,025	β	38

[a] K = Konzentration im Serum in mg/l.
[b] EP = Elektrophoretische Beweglichkeit.
[c] MG = Molekulargewicht in Daltons × 10^3.

Tabelle 7. (Fortsetzung)

Protein (und Synonyme)	Klinische Bedeutung	$K^{a)}$ mg/l	$EP^{b)}$	$MG^{c)}$
2.9. Heparin-bindendes Protein α_2-3,8 S-Glykoprotein	Bindung von Heparin	50–150	α_2	56–58
2.10. α_2-Makroglobulin (Hormon-transportieren-des Protein)	Hormon-Transport Enzym-Hemmung	1500–4200	α_2 4,2	820
2.11. Transferrin (Siderophilin)	Eisentransport	2000–3200	β_1 3,1	76,5
2.12. Akute-Phase-Proteine Orosomucoid (saures α_1-Glykoprotein)	„Akute Phase", Progesteron-Bindung?	550–1400	α_1 5,7	40
C-reaktives Protein	„Akute Phase", Stimulation der Phagozytose	< 1		135–140

3. Immunglobuline (Ig)
3.1.   *Komplette Ig* (H_2L_2)

3.1.1. IgM (Makroglobulin) (γ_M, β_{2M}, 19-S-Ig, 19-S-γ-Globulin)	Frühantikörper	600–2800	β/γ 2,1	800–950
3.1.2. IgG (γG, γ, γSS, 7 S, Ig, 7-S-γ-Globulin)	Spätantikörper	8000–18000	γ 1,2	143–149
3.1.3. IgA (γ_A, β_{2A}-Globulin)	Sekretorische AK	900–4500	β/γ 2,1	158–162 und multiple
3.1.4. IgD (γ_D)	Regulatorische AK?	< 150	β/γ < 2,1	175
3.1.5. IgE (γ_E)	Reagine, allergische AK	0,3	β/γ 2,3	190

			Spur	γ-α 1,0–4,7	23 (x 2)
3.2.	*Ig-Bausteine*				
3.2.1.	Leichte Ketten, L, L_2, L_n	Bence-Jones-Protein	Spur	γ-α 1,0–4,7	23 (x 2)
3.2.2.	Schwere Ketten H, H_2, H_n	Myelom-Proteine	0	γ–β	(x n) 46–52
3.2.3.	Ig-Bruchstücke	Myelom-Proteine	0	γ–β	
3.2.4.	J-Kette = joining chain				15
3.2.5.	Sekretorische Komponente = SC	Immunität der Schleimhäute			58
3.3.	*Ig-ähnliche Proteine*				
3.3.1.	β_2-Mikroglobulin	Normale Proteinurie	1–2	β_2	11,5
3.3.2.	HLA-Antigene	Individual-spezifische Zellmembranproteine	0		160

4. Komplement-System

4.1. Faktoren der Nebenschluß-Aktivierung

4.1.1.	Properdin P	Komplement-Aktivierung durch oberflächengebundene Polysaccharide	10–20	β–$γ_2$	223
4.1.2.	C 3-Proaktivator = C 3-PA (glycinreiches Globulin = GBG, Faktor B = β_2-Glykoprotein-II)	Akute Phase	225	β_2	100
4.1.3.	C 3-PA-Konvertase = C 3-PAase (GBGase, Faktor D) 3-S-α-Globulin		Spur	α	22
4.1.4.	Glycinreiches γ-Globulin = GGG (= Faktor T 3)			γ	

[a] K = Konzentration im Serum in mg/l.
[b] EP = Elektrophoretische Beweglichkeit.
[c] MG = Molekulargewicht in Daltons $\times 10^3$.

Tabelle 7. Eigenschaften klinisch bedeutsamer Plasmaproteine

Protein (und Synonyme)	Klinische Bedeutung	$K^{a)}$ mg/l	$EP^{b)}$	$MG^{c)}$
4.2. Faktoren des Komplements				
4.2.1. C 1		300–400	–	900
4.2.2. C 1q	Reagiert mit Fc-defor-mierter AK	190	γ_2	400
4.2.3. C 1r	Wirkt enzymatisch auf C 1s	100	β	168
4.2.4. C 1s	Pro-Esterase, spaltet C 2 und C 4	120	α_2	79
4.2.5. C 2	C 2 a + C 4 b + C 3-Con-vertase	30	β_2	117
4.2.6. C 3 = β_{1A}-Globulin = Faktor A des Properdins	C 3 a anaphylaktisch-chemotak-tisch / C 3 b bindet EA	1300	β_1	185
4.2.7. C 4 = β_{1E}		430	β_1	230
4.2.8. C 5 = β_{1F}		75	β_1	180
4.2.9. C 6		60	β_2	95
4.2.10. C 7		10	β_2	130
4.2.11. C 8		10	γ_1	150
4.2.12. C 9		10	α_2	79
5. Enzyme				
5.1. Cholinesterase (Pseudo-Cholinesterase)	Spaltung von Cholin-Estern, besonders Succinyl-Dicholin	5–15	α_2 3,1	348

			K[a]	EP[b]	MG[c]
5.2.	Coeruloplasmin	Oxidase (Adrenalin-Serotonin), Cu-Bindung	150–600	α_2 4,6	160
5.3.	Plasminogen	Fibrinolyse (Pro-Enzym)	100–300	β_1 3,7	81
5.4.	Lysozym (= Muraminidase)	Protease	5–15	α_1	~ 15
5.5.	Lipoprotein-Lipase	Fett-Transport	wechselnd	?	?
5.6.	Adenosin-Deaminase	Nucleotid-Stoffwechsel Iso-Enzym-Polymorphismus	Spur	α/β	?
5.7.	β_2-Glykoprotein I	Protease (ev. Untereinheit)	150–300	β_2 1,6	40

6. Enzym-Inhibitoren

6.1.	C-1-Esterase-Inhibitor- (= α_2-Neuraminoglykoprotein)	Inaktivierung von C-T (HANE)	150–350	α_2	104
6.2.	Anti-Proteasen				
6.2.1.	α_1-Antitrypsin = α_{1AT} (α_1-3,5-Glykoprotein)	Trypsin-Hemmung	2000–4000	α_1 5,42	45–54
6.2.2.	Inter-α-Trypsin-Inhibitor	Trypsin-Hemmung	200–700	α_1/α_2	~ 160
6.2.3.	Anti-Chymotrypsin = α_{1X}-Glykoprotein	Chymotrypsin-Hemmung	300–600	α_1	68
6.3.	Antithrombin III	Thrombin-Hemmung	170–300	α_2	65

7. Gerinnungs-Faktoren

7.1.	Faktor I, Fibrinogen	Gerinnselbildung, Endphase	2000–4500	$\beta/\gamma = \Phi$ 2,1	340
7.2.	Faktor II, Prothrombin, Thrombin	Pro-Enzym, 1. Hauptphase	50–100	α	69

[a] K = Konzentration im Serum in mg/l.
[b] EP = Elektrophoretische Beweglichkeit.
[c] MG = Molekulargewicht in Daltons $\times$ 10^3.

Tabelle 7. (Fortsetzung)

Protein (und Synonyme)	Klinische Bedeutung	$K^{a)}$ mg/l	$EP^{b)}$	$MG^{c)}$
7.3. Faktor III, Thrombo-plastin	Vorphase: gewebliche Aktivierung			
7.4. Faktor, IV $= Ca^{++}$				
7.5. Faktor V, Accelerator-Globin Proaccelerin = labiler Faktor	Vorphase: gewebliche und Kontakt-Aktivierung	~ 70	α/β?	98–300
7.6. Faktor VI, nicht vorhanden				
7.7. Faktor VII, Proconvertin, stabiler Faktor, Autopro-thrombin I	Vorphase: gewebliche Aktivierung		α/β?	98–300
7.8. Faktor VIII, Antihämophiles Globulin (AHG, Antihämo-philer Faktor A, Platelet-Co-Faktor I)	Vorphase: Kontakt-Aktivierung	$\sim 0,12$	$\alpha-\gamma$	ca. 200
7.9. Faktor IX, Christmas-Faktor (Plasmathromboplastin-Kom-ponente, Antihämophiler Faktor B, Platelet-Co-Faktor II, Autoprothrombin II)	Vorphase: Kontakt-Aktivierung		$\alpha_1-\alpha_2$	ca. 50 (–200)

		Wirkung	K[a]	EP[b]	MG[c]
7.10.	Faktor X, Stuart-Prower-Faktor	Vorphase: gewebliche und Kontakt-Aktivierung			52–87
7.11.	Faktor XI, Plasmathromboplastin Antecedent (PTA)	Vorphase: Kontakt-Aktivierung		β/γ	200
7.12.	Faktor XII Hageman-Faktor	Vorphase: Einleitung der Kontaktaktivierung			20–140
7.13.	Faktor XIII, Fibrinstabilisierender Faktor (FSF) (Fibrinase, Fibrinoligase)	Fibrin-Vernetzung, Aminoacyl-Transferase. Synthese in Megakariozyten	10–40		340

8. Lipoproteine

			K[a]	EP[b]	MG[c]
8.1.	α_1-Lipoprotein, HDL_2	Lipid-Transport	400–1200	α_1	320
8.2.	α_1-Lipoprotein, HDL_3	Lipid-Transport	220–2700	α_1	175
8.3.	α_2-Lipoprotein/Prä-β = VLDL	Lipid-Transport	150–2300	α_2	
8.4.	β-Lipoprotein = LDL	Lipid-Transport,	250–8000	β	3200
8.5.	LP-X	nur bei Cholestase vorhanden	< 1		AI 27 AII 17,4
8.6.	Apoprotein A	Lipid-Transport			36–80
8.7.	Apoprotein B				255
8.8.	Apoprotein C				14

[a] K = Konzentration im Serum in mg/l.
[b] EP = Elektrophoretische Beweglichkeit.
[c] MG = Molekulargewicht in Daltons $\times\ 10^3$.

Tabelle 7. (Fortsetzung)

Protein (und Synonyme)	Klinische Bedeutung	$K^{a)}$ mg/l	$EP^{b)}$	$MG^{c)}$
9. Proteine mit noch unbekannter Funktion				
9.1. α_1-saures Glykoprotein, s. AP-Proteine				
9.2. α_{1B}-Glykoprotein = leicht präzipitierbares Glykoprotein		150–300	α_1	50
9.3. α_{1T}-Glykoprotein				
9.4. α_2-Glykoprotein				
α_{2Zn}-Glykoprotein		20–150	α_2 4,2	41
9.5. α_{2HS}-Glykoprotein		400–850	α_2 4,2	49
9.6. α_{2Ba}-Glykoprotein				
9.7. α_2-hitzelabiles Glyko-protein				
9.8. 8 S-α_3		30–50	α_2/β	220
9.9. 4,6-S-Postalbumin				
9.10. Gc-Globulin	Elektrophoretisch Polymorphismus	200–550	α_2	50,8
9.11. β_2-Glykoprotein III		50–150	β_2	35

[a] K = Konzentration im Serum in mg/l.
[b] EP = Elektrophoretische Beweglichkeit.
[c] MG = Molekulargewicht in Daltons $\times$ 10^3.

tein, mit dem es früher oft verwechselt oder gleichgesetzt wurde, eindeutig unterscheidet (s. Daten in Tabelle 7).

5.1.1.2. α_1-Foetoprotein [A 2]

α_1-Foetoprotein besteht aus einer einzigen Polypeptidkette und enthält 3,4% Kohlenhydrat, davon wenig Neuraminsäure. Ähnliche Proteine wurden bei zahlreichen Tierarten gefunden, sie zeigen alle immunologische Kreuzreaktionen. α_1-Foetoprotein wird in der Leber synthetisiert. Als physiologische Funktion wurde einerseits die Bindung von Wirkstoffen (Hormonen, Enzymen wie Carboanhydrase), andererseits die Regulation von Immunreaktionen angegeben.

5.1.1.3. Karzino-embryonale Antigen

Das karzino-embryonale Antigen (CEA) ist ein chemisch noch wenig bekanntes Glykoprotein, das zuerst bei Patienten mit Dickdarmkarzinomen nachgewiesen, später im Verdauungstrakt des normalen menschlichen Fetus gefunden wurde [M 1]. Beim gesunden Erwachsenen kann es auch mit sehr empfindlichen Methoden nicht nachgewiesen werden, d. h. seine Konzentration liegt bei $< 2,5$ mg/l. Eine physiologische Funktion ist bisher nicht bekannt.

5.1.1.4. β-Onko-Fetale Antigen

Das β-Onko-Fetale Antigen (BOFA) ist bisher nur immunologisch nachweisbar [F 11]. Es unterscheidet sich immunologisch und elektrophoretisch (β-Mobilität) sicher vom CEA. Mit den gegenwärtig verfügbaren Methoden kann es beim normalen Erwachsenen nicht nachgewiesen werden (Radioimmun-Test mit einer Empfindlichkeit von $< 2,5$ mg/l). Es wurde aus menschlichen Karzinomen von Kolon, Lunge, Leber und Pankreas extrahiert und später bei Feten in den gleichen Organen, sowie in der Niere, gefunden; in diesen Organen wird BOFA vermutlich synthetisiert.

5.1.1.5. γ-Fetoprotein

Das γ-Fetoprotein kann bis jetzt nur mit menschlichen Antiseren, die von Patienten mit malignen Tumoren stammen, nachgewiesen werden. Das zugehörige Antigen wurde bei Feten in Kolon, Jejunum, Milz und Thymus gefunden und bei Erwachsenen aus malignen und benignen Tumoren extrahiert. Es hat die elektrophoretische Mobilität eines γ-Globulins, ist sonst aber noch nicht weiter charakterisiert.

5.1.2. Schwangerschafts-assoziierte Proteine

Im Serum schwangerer Frauen konnten mit immunologischen Methoden mehrere Proteine nachgewiesen werden, die bei gesunden Männern fehlten [B 10]. Nur eines davon, das SP_1 (= Schwangerschafts-Protein 1), kommt tatsächlich lediglich in der Gravidität vor. Es wird von der Mutter selber synthetisiert und sicher nicht transplazentar vom Fetus an sie abgegeben.

Die andern (SP_2 und SP_3, mit verschiedener elektrophoretischer Mobilität) konnten in unterschiedlicher Frequenz auch bei Frauen und Männern mit malignen Tumoren sowie bei gesunden Frauen, die Kontrazeptive einnahmen, nachgewiesen werden. Sie müssen deshalb den Proteinen der aktuten Phase (AP) zugeordnet werden. Dem SP_3 wurde eine immunosuppressive Wirkung zugeschrieben, die der immunologischen Abstoßung des fetalen Gewebes durch den mütterlichen Organismus entgegenwirken solle [H 12].

Ein viertes α-Protein unterscheidet sich auf Grund seines hohen Molekulargewichtes von SP_3, und es wurde deswegen als „pregnancy associated macroglobulin" = PAM bezeichnet; auch ihm wird eine immunosuppressive Wirkung, besonders auf die zelluläre Immunität, zugeschrieben.

Die Abgrenzung gegenüber den bekannten Hormonen, deren Konzentration in der Schwangerschaft sehr stark ansteigt, ist methodisch klar. Besonders Choriongonadotropin und humanes Plazenta-Lactogen haben unter anderem auch immunosuppressive Eigenschaften, wobei das im Trophoblasten selber gebildete Choriongonadotropin physiologisch am bedeutsamsten sein dürfte, da die in vitro notwendigen hohen Konzentrationen tatsächlich auch in vivo erreicht werden [B 10].

5.2. Transportproteine

In diesem Kapitel werden Proteine zusammengefaßt, deren Funktion als „Vehikel" zum Transport bestimmter Stoffe [B 7] gesichert ist; oft kommen ihnen daneben auch noch andere Funktionen zu (z. B. dem Albumin).

5.2.1. Albumin

Albumin ist quantitativ das bedeutendste Serumprotein (50–60%
des Gesamtproteins). Es besteht aus einer einzigen Polypeptidkette,
die durch 16–17 intramolekulare Disulfidbindungen stabilisiert ist
[A 6, F 8, P 11, S 9]. Molekulargewichts-Bestimmungen sind wegen
der Tendenz des Albumins zur Dimer-Bildung problematisch; die
niedrigsten Angaben (66500) sollen der Größe des Monomers an
nächsten kommen. − Albumin hat eine hohe Pufferkapazität und
kann zahlreiche Substanzen kovalent binden [R 9]. In alkalischem
Milieu ist es elektrophoretisch langsamer beweglich als in saurer
Lösung; diese beiden Formen werden dementsprechend als N (=
normal) und F (= fast) bezeichnet. Die Transformation N + 3 H$^+$
$\rightleftharpoons$ F ist mit reversiblen Veränderungen der räumlichen Struktur des
Moleküls verbunden: Beim Ansäuern werden vier im Normalzu-
stand einander anliegende Schichten aufgeklappt, wobei zusätzliche
Bindungsstellen freiwerden, die vor allem hydrophobe Substanzen
binden können. So werden z. B. organische Quecksilberverbindun-
gen im Serum selektiv an Albumin gebunden transportiert, aber in
der Niere wieder „vom Albuminvehikel abgeladen". Die Bindung
verschiedener Substanzen ist kompetitiv, z. B. können Sulfonamide
freies Bilirubin von seinen physiologischen Bindungsstellen am Albumin verdrängen, so daß im Neugeborenenalter schon bei relativ
niedrigen Konzentrationen ein Kernikterus entsteht. − Dieses
starre Modell von 4 hintereinander aufgereihten und durch dünne
Brücken verbundenen Komplexen ist neuerdings in Frage gestellt
worden [A 6]; das globuläre Albumin soll vielmehr aus einem har-
ten Kern und einer darum herum liegenden lockeren Hülle bestehen; die letztere kann sich bei pH-Senkung lockern und ausdehnen
und in ihren zahlreichen Maschen viele Stoffe reversibel binden.

Albumin wird in der Leber synthetisiert, beim Erwachsenen in einer
Menge von 12–20 g pro Tag. Der Ort seines Abbaus ist unbekannt,
der größte Teil geht wohl durch natürlichen Verschleiß verloren,
besonders im Darmkanal und in der Niere; Stress und Hormone
beschleunigen den Katabolismus [R 9]. Von der Gesamtmenge des
Körpers (ca. 300 g) befindet sich knapp die Hälfte intravaskulär,
der restliche Anteil ist extravaskulär auf 2, 3 oder noch mehr Kom-
partimente verteilt, die untereinander in verschieden intensivem

Austausch stehen; besonders viel Albumin ist in der Haut vorhanden [S 9]. Die Synthese von Albumin soll parallel gehen mit derjenigen von Cholinesterase, so daß die leicht zu messende Aktivität der letzteren ein Maß für die erste Größe bietet, was klinisch nützlich sein kann [S 17].

Zahlreiche Bestimmungs- und Schätzungsmethoden werden klinisch angewendet. Sie basieren auf Elektrophorese, Farbstoffbindung, immunologischen Eigenschaften u. a.

5.2.2. Präalbumin (PA)

Diese kleine Plasmafraktion ist in der heute am meisten gebrauchten Acetatfolien-Elektrophorese deutlich anodisch vom Albumin zu erkennen, und in der Immunelektrophorese bildet sie das klar abgesetzte Präzipitat Rho_1 [A 9]. Sie wurde rein dargestellt und kristallisiert und erwies sich bei der Analyse als besonders reich an Tryptophan. Röntgendiffraktionsstudien der Molekülgestalt zeigten eine flache Höhlung, in der wahrscheinlich das Thyroxin Platz findet, das vom Präalbumin in äquimolaren Mengen gebunden wird. Trijod-Thyronin wird ebenso gebunden. Die Identität des Präalbumins mit dem „Thyroxin-bindenden Präalbumin" = TBPA ist erwiesen.

Das als separates Protein beschriebene „Thyroxinbindende Inter-α-Globulin" besteht nach neuen Ergebnissen aus einem Komplex von Präalbumin und einem anderen Protein mit geringerer elektrophoretischer Beweglichkeit [T 2]. Ferner soll Präalbumin auch Vitamin A binden, was wahrscheinlich aber nur indirekt erfolgt durch Bildung von Protein-Protein-Komplexen mit dem Retinol-bindenden Protein (RBP, s. 5.7.).

5.2.3. Transcortin (Cortisol-binding globulin = CBG)

In geringer Menge vorkommende Fraktion, rein isoliert und in vielen physikochemischen Eigenschaften (Bindungscharakter u. a.) aufgeklärt. Transcortin wird gewöhnlich indirekt durch Bestimmung der Cortisol-Bindungskapazität des Serums gemessen. Da diese im Serum von Schwangeren größer ist als im Nabelschnurserum (1,16

$\pm$ 0,19 $\times$ 10^{-6} mol gegenüber 0,25 $\pm$ 0,03 $\times$ 10^{-6}mol), wird auf einen Übergang von Cortisol aus dem kindlichen in den mütterlichen Organismus geschlossen.

5.2.4. Metallbindendes Protein (α_1-9,5-S-Glykoprotein)

Diese hochgradig gereinigte und kristallin dargestellte Fraktion bindet selektiv Metallionen, insbesondere Calcium. Sie erklärt die physiologisch äußerst wichtige Tatsache, daß das Calcium im Serum nur etwa zur Hälfte in ionisierter, biologisch aktiver Form vorliegt und als solches mit dem proteingebundenen Anteil in raschem Austausch steht. Störungen sind nicht beschrieben, müßten aber wohl in der Klinik systematisch gesucht werden.

5.2.5. Haptoglobin (Hp) [G 7]

Dieses Glykoprotein besteht ähnlich wie die Immunglobuline aus je einem Paar leichter ($= \alpha$) und schwerer ($= \beta$) Ketten. Die α-Kette hat 3 Phänotypen: Hp_α^{1F}, Hp_α^{1S} und Hp_α^{2}, deren chemische Struktur bekannt ist: Die beiden Hp_α^1 sind Polypeptide mit 84 Aminosäuren, die sich nur durch einen Austausch in Position 54 voneinander unterscheiden, das Molekulargewicht beträgt 9100. Die Hp_α^2-Kette besteht aus 143 Aminosäuren, die vermutlich durch ungleiches crossing-over aus 71 resp. 72 Aminosäuren der beiden Hp_α^1 entstanden sind, Molekulargewicht = 16000. Hp_α weist Homologie mit Teilstücken der leichten Ketten ($\varkappa$ und λ) der Immunglobuline auf. Die β-Kette ist erst teilweise aufgeklärt, sie besteht zu $^1/_5$ aus Kohlenhydrat und hat ein Molekulargewicht von ca. 40000, ein Teil davon scheint Homologie mit Trypsin zu zeigen. Kombinationen der Einzelketten ergeben den Polymorphismus des kompletten Moleküls mit den Typen Hp 1–1 ($\alpha_2^1 \beta_2$), Hp 2–2 ($\alpha_2^2 \beta_2$) und Hp 1–2 ($\alpha^1\alpha^2\beta_2$) und zahlreichen Varianten.

Hp bindet sich äquimolar an den Globin-Anteil des Hämoglobins (Hb, Molekulargewicht des Tetramers = 64000, renale Filtration wahrscheinlich als Dimer von 32000), dessen Verlust durch Ultrafiltration im Nierenglomerulum dadurch verhindert wird (Molekulargewicht des Hb-Hp-Komplexes 155000 und Vielfache davon). Der Hb-Hp-Komplex verschwindet sehr schnell aus der Zirkulation

(t/2 = 9 min) in die Leber, und der Blut-Hp-Gehalt sinkt rasch ab.
Es ist noch unklar, ob der Hb-Hp-Komplex von den Kupffer-schen
Sternzellen oder von den Hepatozyten aufgenommen wird. —
Wenn die Kapazität des Hp überschritten ist, wird freies Hb renal
filtriert; es erscheint im Primärharn und wird daraus zurückresorbiert bis zur Leistungsgrenze des Nierentubulus, bei deren Überschreitung es zur Hämoglobinurie kommt.

Hp ist ferner das wichtigste Protein der akuten Phase (s. S. 160).
Seine Konzentration kann bei Entzündungen auf das 10fache der
Norm ansteigen. Seine physiologische Funktion ist in diesem Fall
unklar; es soll Proteasen (bes. Kathepsin) hemmen und/oder antivirale Wirkung haben.

Dank seines Polymorphismus wird Hp schließlich als einer der bedeutendsten genetischen Marker benutzt. Das Gen ist auf dem
Chromosom 16 lokalisiert [G 6].

5.2.6. Hämopexin (Hx) [M 4, S 9]

Dieses β-Globulin wurde rein dargestellt und charakterisiert. Es
wird in der Leber synthetisiert. Es bindet freies Häm in äquimolarer
Menge, sowie andere Metalloporphyrine, zu denen es eine höhere
Affinität hat als Albumin. Vom Globin befreites und oxydiertes
(Fe^{+++}-haltiges) Häm wird durch Albumin locker, durch Hämopexin fest gebunden und durch letzteres den Leberzellen zugeführt
und in ihnen abgegeben; Hämopexin wird dabei (im Gegensatz zum
Haptoglobin) nicht zerstört, sondern wieder freigesetzt. Seine Konzentration nimmt deswegen nur mäßig und kurzfristig ab und gibt
zuverlässigeren Aufschluß über das Ausmaß eines hämolytischen
Prozesses als der Haptoglobin-Gehalt. Die Bestimmung in der Amnionflüssigkeit erlaubt es schon frühzeitig, eine Hämolyse beim Feten zu erkennen.

5.2.7. Retinolbindendes Protein (RBP)

Vitamin A ist im Serum an ein Protein gebunden, das rein dargestellt, protein-chemisch als α_2-Globulin charakterisiert und kristallisiert werden konnte [H 4]. Es enthält keine Kohlenhydrate. Es kann
mit Präalbumin (5.2) Protein-Protein-Komplexe bilden (s. S. 40).

42

5.2.8. Transcobalamine I-III

Vitamin B_{12} (Cobalamin) kommt im Serum normalerweise nur an Transportproteine gebunden vor; von diesen „Transcobalaminen" ist eines (Transcobalamin II = TC II) weitgehend gereinigt und charakterisiert: das Molekulargewicht wurde mit 38000 bestimmt. Es ist möglich, daß damit nur ein Teil oder eine Wirkgruppe eines größeren Moleküls erfaßt wird. TC II übernimmt das eben resorbierte Vitamin B_{12} von der Darmmucosazelle und gibt es an Körperzellen (Leber, hämopoetisches System u. a.) wieder ab; trotz seiner sehr geringen Konzentration ist es ein lebenswichtiges Protein. Es wird in der Leber gebildet [R 2].

Die Transcobalamine I und III werden als R-Binder (rapid binders, wegen ihrer schnelleren elektrophoretischen Mobilität) zusammengefaßt. Sie enthalten 33–40% Kohlenhydrat und haben Molekulargewichte von 120–150000. TC I hat die elektrophoretische Beweglichkeit eines α_1-Globulins. Als TC III wird eine Gruppe von Proteinen mit α_2-Beweglichkeit zusammengefaßt. Nach anderen Angaben sind TC I und III Polymere der gleichen Grundstruktur, aber von TC II verschieden [S 18].

Es gibt auch Proteine mit spezifischer Bindungsaffinität für Folsäure, die aber physiko-chemisch erst teilweise analysiert worden sind [W 9].

5.2.9. Heparinbindendes Protein

Dies ist ein rein dargestelltes, charakterisiertes und kristallisiertes α_2-Glykoprotein (α_2-3,8-S-Glykoprotein), das durch Protamin aus der Komplexbindung verdrängt werden kann, aber dessen physiologische Bedeutung unbekannt ist.

5.2.10. α_2-Makroglobulin (α_{2M})

Dieses Protein ist mit etwa $^4/_5$ der gesamten α_2-Globuline eine der großen Fraktionen des menschlichen Serums [S 8]. Das sehr große Molekül besteht aus mehreren identischen Untereinheiten, die wahrscheinlich durch hydrophobe Kräfte oder durch Wasserstoff-Bindungen, sicher nicht durch Disulfid-Brücken, zusammengehalten werden. Der Kohlenhydrat-Anteil beträgt 8,5%. Die Synthese erfolgt in der Leber, nach neueren Untersuchungen aber auch in Lymphozyten. Als physiologische Funktionen kennt man einerseits den Transport kleiner Moleküle, vor allem des Insulins und des Wachstumshormons, ferner die Hemmung von Proteasen, insbesondere Plasmin und Trypsin. Ferner wird α_{2M} z. T. den Proteinen der akuten Phase zugerechnet. Die Möglichkeit einer immunosuppressiven Funktion wurde erwogen.

5.2.11. Transferrin (Siderophilin)

Transferrin wurde schon früh dank seiner Fähigkeit zur Eisenbindung erkannt, isoliert, charakterisiert und kristallisiert [S 5]. Ein erstes Molekül Eisen bindet sich fest, ein zweites lockerer an das Protein. Bei Ansäuerung dissoziiert der Eisenproteinkomplex (Beginn bei pH unterhalb 7,2, vollständig bei pH 4,5). Die Synthese erfolgt in der Leber, und ihr Ausmaß wird vom Eisenstoffwechsel beeinflußt.

Im Hühnereiweiß findet sich eine im Proteinanteil mit Transferrin identische Fraktion, das *Conalbumin*. Ein eisenbindendes Protein in Milch, Pankreassaft, Speichel und anderen Sekreten *(Lactoferrin)* hat dagegen einen ganz anderen chemischen Bau und kommt im Serum nicht vor.

Ferritin ist ein großmolekulares eisenhaltiges Gewebeprotein, das in sehr kleinen Konzentrationen (ng-Mengen) auch im Serum vorkommt und radioimmunologisch gemessen werden kann; die Serumkonzentration soll den Gesamteisenbestand des Körpers zuverlässig widerspiegeln [L 5]. Ausschwemmung großer Mengen Ferritin wurde bei Schockzuständen beobachtet (Folge oder Ursache?).

5.2.12. Proteine der akuten Phase (Tabelle 8)

Unter dieser klinisch orientierten Bezeichnung wurden Proteine zusammengefaßt, die nach akuten Schädigungen verschiedenster Ätiologie und im Laufe der damit zusammenhängenden Reaktionen vor-

44

Tabelle 8. Proteine der akuten Phase

---

1. Normalerweise vorhandene Proteine
α_1-Antitrypsin = α_{1AT}
α_1-Orosomucoid
α_2-Coeruloplasmin = Cpl
C-1-Esterase-Inhibitor
α_2-Makroglobulin = α_{2M}
α_2-Haptoglobin = Hp
Fibrinogen

2. Normalerweise abwesende Proteine
C-reaktives Protein = CRP
Schwangerschafts-Proteine: SP2, SP3 und PAG
α_2HS-Glykoprotein

---

kommen. Der Begriff steht außerhalb der hier benutzten Systematik, und in der Gruppe der AP-Proteine erscheinen deswegen Fraktionen wieder, die in Tabelle 7 mit gutem Grund einer anderen Kategorie zugeteilt wurden (Tabelle 8). Einige AP-Proteine sind im Plasma normalerweise vorhanden, und ihre Synthese wird in der „akuten Phase" wesentlich gesteigert; andere sind beim Gesunden nicht nachweisbar und erscheinen nur kurzfristig in der akuten Phase.

Zwei Fraktionen, die sonst nirgends unterzubringen sind, müssen hier kurz besprochen werden: Das *C-reaktive Protein* (CRP) wurde ursprünglich als Antikörper gegen die somatische C-Substanz von Pneumokokken angesehen, erwies sich später aber als unspezifisch. In der Immunoelektrophorese sind drei Typen (γ, β und α_{2H}) nachgewiesen worden, die möglicherweise auf Assoziierung mit anderen Serumproteinen beruhen [K 3]. Das Protein wurde kristallisiert. Es ist aus 6 Untereinheiten zusammengesetzt, die aus je einer Polypeptidkette bestehen und eine Disulfidbindung enthalten.

Orosomucoid ist ein kleinmolekulares Glykoprotein, von dessen Funktionen lediglich die Inaktivierung von Progesteron bekannt ist. Seine chemische Struktur ist bis zur Aminosäurensequenz bekannt; sie weist partielle Homologie mit der L-Kette der Immunglobuline auf [P 11].

Einige Veränderungen der akuten Phase, wie sie z. B. im Verlauf einer entzündlichen Reaktion auftreten, scheinen plausibel [G 11, K 6]: Vermehrte Fibrinogensynthese fördert die Fibrinablagerung am Ort der Entzündung. Die damit einhergehende lokale Aktivierung des Gerinnungssystems und seiner zahlreichen Proteasen macht vermehrte Ausschüttung von Inhibitoren notwendig (α_2-Makroglobulin und andere), um eine ausgedehnte Blutgerinnung zu verhüten.

Gerinnungs- und Komplement-System weisen verschiedene Wechselwirkungen auf (s. S. 166), die über Ausschüttung vasoaktiver Substanzen und Kinine zur Hyperämie und ödematösen Durchtränkung des Gewebes beitragen. Ähnliche Substanzen stimulieren Chemotaxis und Phagozytose; CRP fördert die Phagozytose. Die Funktionen weiterer Proteine sind unklar, und viele weitere innere Zusammenhänge der akuten Phase-Reaktion sind noch unbekannt oder in diesem Zusammenhang schwer einzuordnen (z. B. die Inaktivierung von Progesteron durch Orosomucoid); sie könnten für die Klinik größere Bedeutung erlangen.

5.3. Immunglobuline (Ig) [E 1, F 6, N 1, P 10]

Die Fraktion der Immunglobuline bietet wohl eines der eindrücklichsten Beispiele für die gegenseitige Befruchtung von klinischer Beobachtung und biochemischer Grundlagenforschung, sowie für die Rückgabe der dabei gewonnenen Erkenntnisse an die Klinik zur nutzbringenden Anwendung auf Probleme des Patienten: Beobachtungen an Kindern mit kongenitaler Agammaglobulinämie zeigten die große praktische Bedeutung der einige Jahre zuvor abgegrenzten elektrophoretischen Fraktion der γ-Globuline als Träger der spezifischen Antikörper auf. Diese erwiesen sich als spezielle „Vehikelproteine nach Maß", wie GRABAR schon 1944 vermutete [S 9]. Die unübersehbare Komplexität der γ-Globuline und der spezifisch an alle möglichen Antigene angepaßten Antikörper ließ zunächst jede weitere Erforschung als hoffnungslos erscheinen. Klinische Beobachtungen von einheitlichen Fraktionen bei multiplem Myelom wurden aber richtig gedeutet und geschickt benutzt, so daß hier ein uniformes Material gewonnen werden konnte, das sich für chemische Untersuchungen eignet. Die intensive weitere Erforschung führte in unerwartet kurzer Zeit zur Aufklärung der Struktur der

Immunglobuline und verwandter Moleküle, wodurch grundlegendes Gedankengut der Klinik, der Molekularbiologie, der Immunologie und der Genetik tiefgehend beeinflußt wurde.

Gleichzeitig ist dies auch das erste Beispiel einer funktionellen Bezeichnung von Plasmaproteinen anstelle der rein deskriptiven, von der Elektrophorese herkommenden Umschreibung als „γ-Globulin": Immunoelektrophoretische Untersuchungen zeigten, daß in der elektrophoretisch einheitlich erscheinenden γ-Globulin-Fraktion mehrere verschiedenartige Moleküle versteckt sind, daß aber umgekehrt auch gleichartige Moleküle unterschiedliche elektrophoretische Beweglichkeit von γ-, β- und sogar α_2-Globulinen besaßen. Der ursprünglich von DOERR geprägte Begriff „Immunglobuline" schien für die Zusammenfassung aller Moleküle mit Antikörpercharakter geeignet [H 7]. Er hat sich allmählich durchgesetzt, soll heute ausschließlich verwendet werden und alle früheren Bezeichnungen ersetzen (wie „γ-Globuline", „γ-Globulin", „γ-System", „γ-Globulin-System", „γ-Globulin-Komponentensystem" etc). [B 12].

5.3.1. Bauplan des Immunglobulin-Moleküls (Abb. 4)

Auch von der chemischen Struktur her ist die Zusammenfassung unter einem einheitlichen Begriff gerechtfertigt: Alle Immunglobuline besitzen grundsätzlich den gleichen Bauplan und bestehen aus 2 identischen Hälften, die je aus einer langen schweren und einer leichten Polypeptidkette zusammengesetzt sind (H-Kette = heavy chain und L-Kette = light chain; Formel = H_2L_2).

H- und L-Kette sind untereinander durch Disulfidbrücken verbunden, und die beiden Halb-Moleküle sind etwa in der Mitte der H-Kette ebenfalls durch Disulfidbrücken miteinander verknüpft. Das Gesamtmolekül hat zwei Pole: Das N-terminale Ende mit der spezifischen Bindungsstelle des Antikörpers heißt Fab-Stück, das dem Molekül seine wichtigste biologische Aktivität verleiht; jedes Immunglobulin besitzt 2 komplette Bindungsstellen für Antigene. Der andere, C-terminale Teil des Moleküls (Fc-Stück = cristallizable fraction), der nur von den H-Ketten gebildet wird, kann Komplement binden. H- und L-Ketten sind je aus ähnlichen Untereinheiten aufgebaut, die als Domänen bezeichnet werden; die H-Kette besteht gewöhnlich aus 4, die L-Kette aus zwei Domänen. Jede Do-

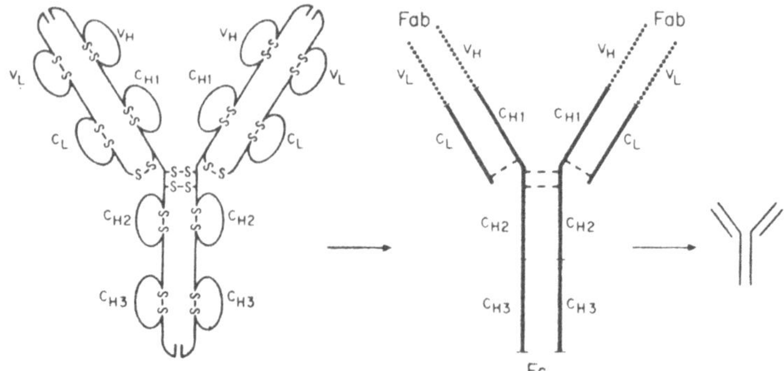

Abb. 4. Struktur der Immunglobuline (als Beispiel IgG): 2 schwere (H) und 2 leichte (L) Ketten sind symmetrisch durch Disulfid-Bindungen zusammengehalten (–S–S–). Die schweren Ketten bestehen aus je 4, die leichten aus je 2 Untereinheiten (Domänen), die durch eine Disulfidbindung innerhalb der Kette zu einer Schlinge gebogen werden. Die C-terminalen Domänen (unten im Bild, = Fc) sind konstant (Symbol C, also C_{H1}, C_{H2} und C_{H3}, sowie C_L), die N-terminale Domäne (oben, = F_{ab}) weist variable Aminosäurensequenz auf (V_H und V_L); sie kann sich den Determinanten vieler Antigene anpassen, wodurch die Antikörper-Spezifität bestimmt ist (ab für antibody).
Die zeichnerische Vereinfachung unterscheidet variable und konstante Anteile und –S–S–Bindungen (Mitte), oder sie reduziert das gesamte IgG-Molekül auf ein gabelähnliches Symbol (rechts)

mäne ist (mit geringen Schwankungen) aus 107 Aminosäuren aufgebaut, und besitzt am Anfang und am Ende der Sequenz (bei 22–24 und 88–96) Cysteinreste, deren SH-Gruppen sich zu einer intra-molekularen Disulfidbindung vereinigen, so daß der lineare Polypeptidfaden eine Schlinge bildet (Abb. 4). Im Fc-Teil folgen sich je zwei solche Domänen der H-Kette, im Fab-Segment liegen sich je zwei Domänen der H- und L-Kette gegenüber. Die Sequenz der Aminosäuren weist in jeder N-terminalen Domäne (d. h. in den zwei H-und in den zwei L-Ketten) große Variabilität auf, was die Vielfalt der Antikörperspezifitäten erklären mag (variable Region, L_V und H_V). Alle übrigen Domänen zeigen große Konstanz der Aminosäuren-Sequenz (konstante Regionen L_C und $H_C1 - H_C3$). Das Modell des Immunglobulinmoleküls gleicht einer Gabel mit vier Zinken, deren Spitzen verschiedenartig gestaltet sind, wodurch die Fähigkeit zur Anspießung verschiedener Stoffe (Antigene) spe-

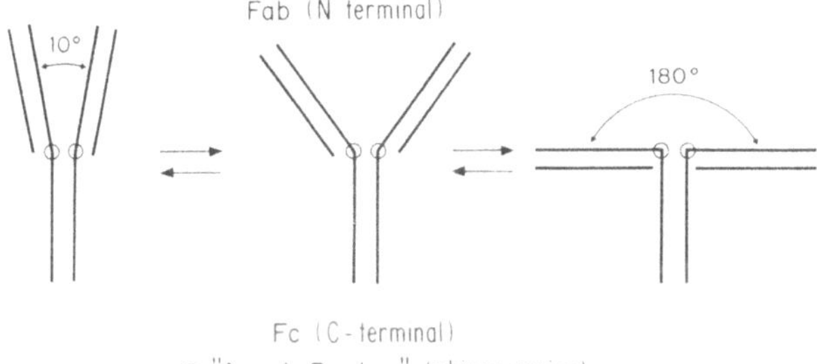

Abb. 5. Steroisomerie des Immunglobulin-Moleküls: durch Winkeländerung in der „Angelregion" (= hinge region) kann die Molekülgestalt beträchtlich verändert werden.
In dieser Skizze erscheinen die Veränderungen der äußeren Gestalt übertrieben, dagegen können innere Verschiebungen im kompakt-globulär gebauten Molekül nicht deutlich dargestellt werden

zifisch determiniert ist. Der Übergangsstelle zwischen Griff und Zinken kommt entscheidende Bedeutung zu. Sie ist nach genetischen Befunden der Ursprungsort großer Variabilität, und die heutige Struktur der Immunglobuline kann aus wiederholter Reduplikation der gleichen Domänenstruktur erklärt werden [P 9]. Die Basis der vier „Zinken" wird auch als „Angelpunkt" bezeichnet („hinge region"). Äußere Reaktionen, insbesondere Bindung von Antigen oder auch Polymerisierung zwischen gleichartigen Immunglobulinen, können zu einer Winkeländerung oder zum „Umklappen" in dieser Region führen, so daß der Vergleich mit einer Türangel berechtigt erscheint (Abb. 5).
Man kennt heute fünf verschiedene Immunglobulin-Klassen, die sich in der Sequenz ihrer Aminosäuren unterscheiden (Tabelle 9): IgG, IgM, IgA, IgD und IgE. Ihre H-Ketten werden als γ, μ, α, δ und ε bezeichnet. Geringere Unterschiede lassen innerhalb der Klassen wieder Untergruppierungen erkennen (Abb. 6), die als Subklassen bezeichnet werden: Es gibt 4 IgG-, 3 IgA- und 3 IgM-Subklassen. Sie unterscheiden sich sowohl in der Primärstruktur der H-Ketten (die als $\gamma1$, $\gamma2$ etc. bezeichnet werden), als auch in ihrer Verbindung mit den leichten Ketten. Allen Klassen gemeinsam sind die L-Ketten, bei denen man 2 verschiedene *Typen* ($\varkappa$ und λ) unterscheidet; zudem gibt es Subtypen (3 $\varkappa$, 5 λ).

Tabelle 9. Nomenklatur der Immunglobuline (Ig)

Kette	Bezeichnung	Symbole
H	Klassen	$\mu, \gamma, \alpha, \delta, \varepsilon$
	Subklassen	μ_{1-3}
		$\gamma_1-\gamma_4$
		$\alpha_1-\alpha_3$
L	Typen	$\varkappa, \lambda$
	Subtypen	$\varkappa_1, \varkappa_2, \varkappa_3$
		$\lambda_1-\lambda_5$
Kombinationen $(H_2 \cdot L_2)$	Komplette Ig	z. B. $\gamma_2\lambda_2 = IgG$
		$(\mu_2\varkappa_2)_5 = IgM$

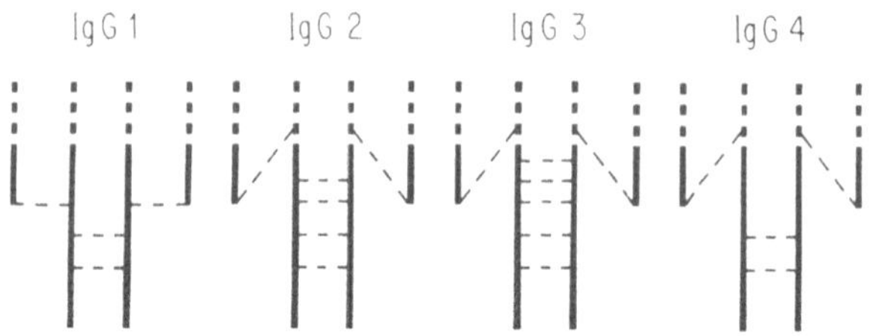

Abb. 6. Die 4 Subklassen des IgG unterscheiden sich im Bau der H-Ketten und in der Zahl und Lage der Disulfid-Bindungen zwischen H- und L-Ketten

Dementsprechend lautet die Formel eines kompletten Immunglobulins z. B. $\gamma2$-$\varkappa2$. Die beiden H-Ketten eines Moleküls sind immer identisch, ebenso die beiden L-Ketten; sie werden in der gleichen Zelle synthetisiert und intrazellulär zusammengefügt. Balancestörungen der Kettensynthese können zum Überschuß von freien H- oder L-Ketten führen, die beim Gesunden nur in sehr geringen Konzentrationen, bei gewissen krankhaften Zuständen aber in großen Quantitäten frei vorkommen.

Die Synthese der Immunglobuline bietet zwei Besonderheiten: Sie wird durch Antigene angetrieben und durch Rückkopplung gebremst, und sie erfolgt in einem besonderen Zellsystem (B-Zellen), das im lymphatischen Gewebe zusammengefaßt ist. Verschiedene Entwicklungsstufen dieses Systems (Abb. 7) sind für das Verständ-

50

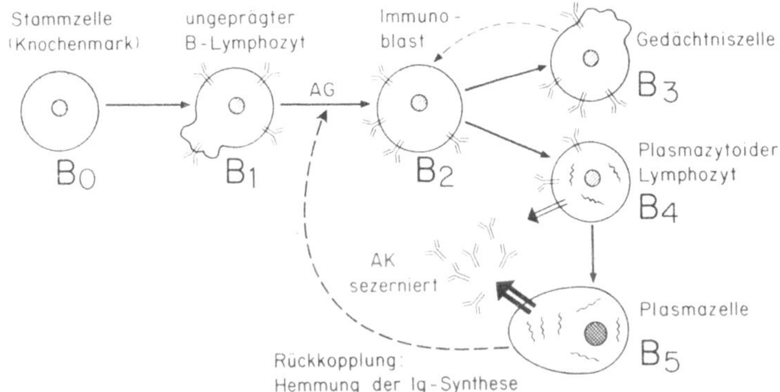

Abb. 7. Differenzierungsstufen des B-Zell-Systems (nach [S 2]: Die Knochenmarks-Stammzelle (B_0) differenziert sich durch Bildung von membrangebundenen Immunglobulinen zum B-Lymphozyten (B_1). Kontakt mit Antigen (AG) treibt diesen über die weiteren Differenzierungsstufen B_2 und B_4 bis zur Plasmazelle (B_5), die nur noch Immunglobulin in die Umgebung sezerniert, aber keine membrangebundenen Immunglobuline mehr besitzt. Die Gedächtniszelle (memory cell) B_3 liegt im Nebenschluß zu B_2; sie kann jahrelang nach Antigen-Kontakt die gespeicherte Information in das B_2-Kompartiment zurückgeben. Von jeder Differenzierungsstufe aus kann eine klonale Expansion einsetzen.
Spezifische Antikörper binden das korrespondierende Antigen und bremsen dadurch seine antreibende Wirkung auf den $B_1 \rightarrow B_2$-Übergang (Rückkoppelung)

nis klinischer Krankheitsbilder wichtig [S 2]: Die ungeprägte Knochenmarkszelle B_0 erwirbt im Verlauf heteroplastischer Zellteilungen die Fähigkeit zur Bildung von Immunglobulinen, vor allem IgM und IgD, die sich in oder auf der Zellmembran befinden ($\rightarrow B_1$). Die nach außen gerichteten Antikörper-Bindungsstellen können mit Antigenen in Reaktion treten. Die Antigen-Antikörper-Reaktion gibt das entscheidende Signal an den Zellkern, der sich alsbald zur Mitose vorbereitet. Die jungfräuliche B_1-Zelle wird bei ihrem „Sündenfall" durch das Antigen zur „spezifisch geprägten" immunoblastischen Zelle (B_2), die sich nun über zwei Zwischenstufen (B_3 und B_4) zur Urmutter der Plasmazellen (B_5) weiter differenziert. Die Entwicklungsschritte umfassen die Gedächtniszellen (B_3), die lebenslänglich den AG-Eindruck aufbewahren, aber inaktiv sind und nur bei neuem Kontakt mit dem Antigen wieder proliferieren, und die plasmozytoide Vorläuferzelle B_4. Alle Vorläufer besitzen Ig auf ihren Zellmembranen; die plasmozytoide B-Zelle (B_4) erwirbt nun die neue Fähigkeit, Ig aus dem Zelleib zu sezernieren. Bei der reifen Plasmazelle B_5 ist die Ig-Sekretion zur höchsten Perfektion gesteigert, und bei ihr sind keine Immunglobuline mehr auf der Zellmembran nachweisbar. Auf jeder Differenzierungsstufe (B_0-B_5) kann durch homoplastische Teilungen eine Vergrößerung der Population gleichartiger Zellen erfolgen (klonale Expansion).

Die ausgeschiedenen, auf das auslösende Antigen passenden Immunglobuline werden „spezifische Antikörper" genannt. Sie fangen das Antigen jetzt schon im Blutplasma ab, bevor es weitere B_1-Zellen rekrutiert und in den B_2- bis B_5-Kreislauf hineintreibt: Durch diese Rückkopplung wird das System automatisch gebremst und stabilisiert.

Der entscheidende Schritt liegt bei der Expression der (im Erbgut aller lymphoiden Zellen ruhend vorhandenen) Fähigkeiten zur Ig-Synthese ($B_0 \rightarrow B_1$). Zahlreiche Mutationen in den variablen Domänen der H- und L-Ketten ermöglichen die Anpassung an spezifische Determinanten der Antigene.

Einzelne Immunglobuline haben Besonderheiten (Tabelle 10): Das IgD scheint immunregulatorische Funktion zu haben. Bei den meisten Immunisierungsprozessen werden zuerst die μ-Ketten synthetisiert, das IgM wird deswegen als Frühantikörper bezeichnet. Seine Synthese setzt 5–7 Tage nach dem Antigenstimulus ein und erlischt nach 3–4 Wochen. M steht für Makroglobulin, da das Molekül aus 5 gleichartigen Einheiten sternförmig aufgebaut ist. Eine zusätzliche Polypeptidkette, die J-Kette (joining chain), verbindet die 5 Einheiten im Bereiche der Fc-Stücke (Abb. 8).

Das IgG-Molekül tritt als Spätantikörper im weiteren Verlauf der Immunisierung an die Stelle des IgM. Es kann während des ganzen Lebens persistieren und wird bei anamnestischen Immunreaktionen sofort neu gebildet. Seine Antikörperspezifität ist gewöhnlich höher als die des IgM.

Das IgA wird vor allem in der submukösen Region aller Schleimhäute gebildet, auf deren Oberfläche es mit einem Hilfsmechanismus gelangt (Abb. 9): Die gleiche J-Kette wie beim IgM verbindet 2 IgA-Moleküle zu einem Dimer, und dieser Komplex gelangt in

Tabelle 10. Charakteristika der Immunglobuline

Klasse	Konzentration in mg/l	Funktion
IgM	~ 2000	Früh-Antikörper
IgG	~12000	Spät-Antikörper
IgA	~ 2000	Sekretorische Antikörper
IgD	~ 30	Embryonale AK, Regulatorisches Ig?
IgE	~ 0,5	Allergische AK = Reagine

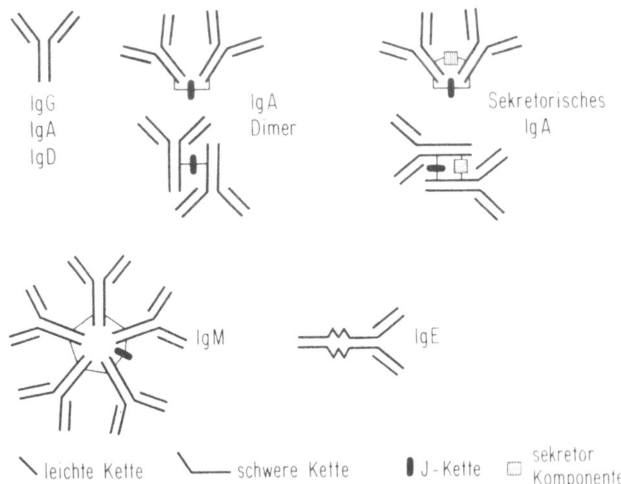

Abb. 8. Aufbau und Struktur der 5 Immunglobulin-Klassen (s. Text)

das interstitielle Gewebe. Ein weiteres Protein, die sekretorische Komponente (secretory component = SC), das in der Epithelzelle selbst gebildet wird, heftet sich nun an dieses Dimer an. Wo und wie der Zusammenbau stattfindet, ist noch nicht ganz klar; am ehesten sickert der IgA_2-J-Komplex zwischen den Epithelzellspalten bis gegen den Apex der Epithelzellen, wird dort durch einen Pinozytose-Vorgang in die Zelle aufgenommen und an der lumennahen Extremität der Zelle mit dem SC verbunden. — Jedenfalls bildet das sezernierte IgA einen wirksamen Schutz der Schleimhautoberflächen, der mit einem „antiseptischen Anstrich" verglichen worden ist

53

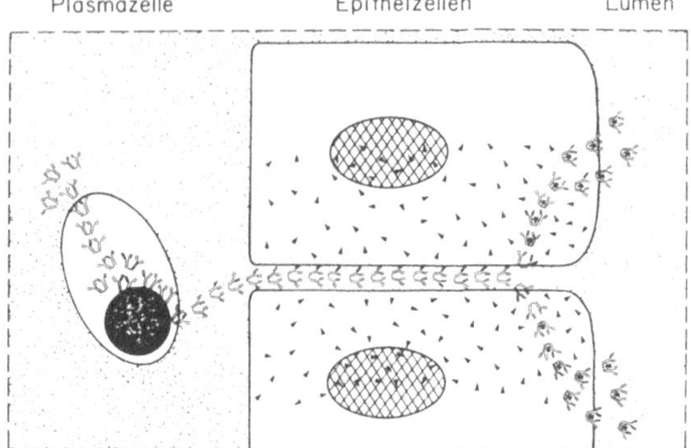

Abb. 9. Sekretorisches IgA: das IgA-Molekül wird in den Plasmazellen der Submukosa synthetisiert und in den umgebenden Zellsaft sezerniert. Durch Gewebsspalten zwischen den Epitzelzellen erreicht es den Apex derselben, wo es durch Pinozytose in die Zelle eintritt, dort mit der sekretorischen Komponente (▼) gekoppelt und auf der lumenseitigen Zelloberfläche sezerniert wird

[H 6]. Sekretorisches IgA ist dank dem SC gegen proteolytische Enzyme resistent, wird also z. B. im Magendarmkanal nur langsam abgebaut. Überschüssiges in der Submukosa gebildetes IgA gelangt in monomerer oder dimerer Form in den Blutstrom; dagegen ist der Weg umgekehrt nicht gangbar, d. h. in den Blutstrom injiziertes IgA kann nicht auf die Schleimhautoberflächen sezerniert werden. — Die unterschiedlichen Molekülgrößen und -gewichte, die aus der Polymerisierung resultieren, erschweren die genaue Konzentrationsbestimmung, ein methodisches Problem, das für die Immunodiffusionsverfahren völlig ungelöst ist und viele Ergebnisse der Literatur verfälscht.

Beim IgE schließlich ist das Fc-Stück um 2 Domänen vergrößert, die der „Angel-Region" („hinge region") hinzugefügt sind und das Molekulargewicht entsprechend erhöhen [B 6]. Das Molekül hat (deswegen?) die Fähigkeit zur Anheftung an Zelloberflächen (Zytophilie). Die gegenüberliegende Fab-Region ist frei zur Reaktion mit Antigenen, die in diesem Fall Allergene heißen. Bei Antigen-Antikörper-Reaktion unter geeigneten Bedingungen erfolgt durch Umklappen in der „Angel-Region" eine tiefgreifende sterische Konfi-

gurationsänderung des Moleküls, die, wohl über den zytophilen Anteil, der darunterliegenden Zelle ein Signal übermittelt und sie zur
Ausschüttung biologisch aktiver Substanzen (wie Histamin u. a.)
veranlaßt. Diese Besonderheit allergischer Antikörper wurde schon
lange vor der chemischen Aufklärung von PRAUSNITZ und KUESTNER
beschrieben, die auch die Bezeichnung „Reagine" vorschlugen.

5.3.2. Inkomplette Immunglobulin-Bruchstücke [F 7]

Leichte Ketten können allein vorkommen, selten als Monomere,
meistens aber als Dimere oder Polymere (d. h. $\varkappa_2$ oder $\varkappa_n$, λ_2 oder
λ_n). Ihr geringes Molekulargewicht erlaubt die Passage durch die
Nieren; als Bence-Jones-Proteine sind sie schon vor über hundert
Jahren entdeckt worden. Ihr eigenartiges thermisches Verhalten erklärt sich aus dem sterischen Aufbau (s. S. 47 ff.).
Das Gegenstück, Vorkommen freier schwerer Ketten, ist erst in den
letzten Jahren erkannt worden; es ist wohl immer mit Krankheitser-
scheinungen verbunden (heavy chain disease, s. S. 123 f.).
Wenn schließlich die Synthese der Domänen oder der ganzen Polypeptidketten unvollständig ist, können verschiedenartige Bruchstük-
ke von Immunglobulinen in der Zirkulation erscheinen. Sie sind
ebenfalls bei kongenitalen Anomalien und bei erworbenen Krankheiten (maligne Lymphome) beschrieben worden.

5.3.3. Mit Immunglobulinen verwandte Proteine

Ein Bence-Jones-ähnliches Protein wurde als β_2-Mikroglobulin beschrieben. Die Analyse der Aminosäurensequenz ließ weitgehende
Homologie mit der Domänenstruktur der Immunglobuline erkennen [R 1]. Dies ist umso wichtiger, als β_2-Mikroglobulin ein Be-
standteil — wahrscheinlich der wichtigste — der Leukozyten-Mem-
bran-Proteine ist, welche die genetisch determinierten Histokompa-
tibilitätsgruppen (HLA) bestimmen. Proteine dieses zellständigen
HL-A-Systems konnten neuerdings in Lösung gebracht werden
[P 6]. Die dadurch ermöglichte Analyse bestätigt die weitgehende
Ähnlichkeit mit dem Bauplan der Immunglobuline. Diese Gemein-

samkeit geht in ihrer Bedeutung weit über die Plasmaproteine hinaus in allgemein biologisches Gebiet, da sie eine einheitliche chemische Grundstruktur für alle Immunphänomene vermuten läßt. Die partielle Homologie mit dem Haptoglobin und mit dem Orosomucoid wurde bereits erwähnt (s. S. 41 u. 45).

5.4. Komplementsystem [A 6, H 2]

Als Komplement (C) bezeichnet man summarisch ein multifaktorielles unspezifisches Protein-Effektorsystem, das Zellmembranen aller Art enzymatisch auflösen kann (zytolytische Aktivität). Seine Aktivierung ist nur durch wenige chemisch ähnlich strukturierte Stoffe möglich, physiologischerweise vor allem durch geeignet konfigurierte Fc-Stücke der Antikörper. Beim „klassischen" Weg der Aktivierung wird der Ort der Komplement-Einwirkung durch den Fab-Teil des Antikörpers spezifisch gesteuert. Wenige spezifische Antigen-Antikörper-Komplexe genügen, um die ganze Gewalt der Komplementaktivität auf den Punkt hinzulenken, wo der Antikörper sitzt. Bildlich ausgedrückt: im Plasma zirkuliert ständig eine hochbrisante, aber inaktive Sprengladung ohne bestimmtes Ziel; die Objektidentifizierung erfolgt durch einzelne genau instruierte und sicher zielende Scharfschützen (= spezifische Antikörpermoleküle), die eine um viele Größenordnungen mächtigere Sprengladung an den richtigen Ort leiten und dort zur Detonation bringen (= Komplement aktivieren). Tatsächlich kann man auf elektronenoptischen Aufnahmen von Erythrozytenmembranen nach C-Einwirkung diskrete rundliche Läsionen wie Einschüsse erkennen. Idealerweise ist die lokale Wirkung maximal, die allgemeine Auswirkung auf den Gesamtorganismus aber minimal; dadurch werden z. B. von der Norm abweichende Zellen ohne Schaden für den Gesamtorganismus vernichtet.

Die hier geschilderte Zytolyse stellt aber einen eher seltenen Spezialfall der Komplementwirkung dar. In der Regel wird die Oberfläche einer fremden Zelle durch Bedeckung mit körpereigenen Proteinen (Antikörper und Komplement) derart verändert, daß sie leichter phagozytiert werden kann (Opsonisierung). Dafür genügen in der frühen Immunisierungsphase einige wenige Antigen-Antikör-

Haupt-Weg („klassischer Weg")   *Nebenweg* („alternative" oder „alternate pathway")

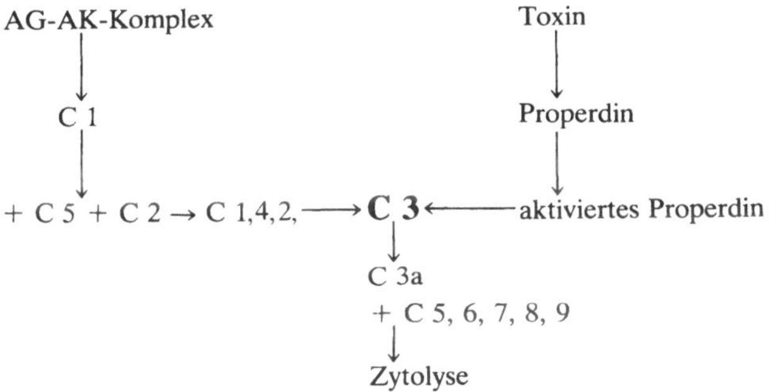

Abb. 10. Aktivierung des Komplementsystems (= C): der zentrale und quantitativ größte Faktor ist C 3; in der aktivierten Form (C 3a) fixiert er sich auf Zelloberflächen (Erythrozyten, Bakterien, Tumorzellen etc.) und aktiviert in situ die übrigen Komponenten C 5 bis C 9. Dieser als „Komplementkaskade" bezeichnete Vorgang endet mit der Zerstörung der Zelle. — Die Aktivierung des C 3 ist auf zwei Arten möglich: der Hauptweg beginnt mit dem spezifischen Antigen-Antikörper-Komplex, auf dem Nebenweg aktivieren freie Toxine und andere Stoffe das Properdin-System

per-Komplexe, die nur lose an der Zellwand anliegen; sie werden mit großen Mengen des lawinenartig aktivierten Komplements zusammen fest an die Oberfläche gebunden.

Für den Kliniker genügen folgende Vorstellungen (Abb. 10): Die quantitativ größte Komponente C 3 (Konzentration = 1300 mg/l) nimmt auch funktionell die Schlüsselstellung ein: der größte Teil des C 3 verankert sich fest auf der Zelloberfläche, nachdem ein kleines Fragment davon proteolytisch abgespalten worden ist; das dafür zuständige Enzym entsteht beim klassischen Aktivierungsweg aus Bruchstücken von C 2 und C 4, die durch C 1 freigesetzt werden, beim alternativen Weg aus aktiviertem Properdin [G 14, P 5]. Gebundenes C 3 spaltet weitere C 3-Moleküle im Sinne einer Amplifikation. An den festen Anker des C 3 werden nun nacheinander die Faktoren C 5 bis C 9 angelagert. Nach dem letzten Schritt, dem Hinzutreten von 3–5 Molekülen C 9, erfolgt die Zytolyse.

Die unkontrollierte Aktivierung dieses potentiell sehr wirksamen Systems könnte katastrophale Folgen haben. Sie wird durch Inhibitoren der aktivierten Komponenten verhindert, von denen vor allem der C $\overline{1}$-Esterasehemmer wichtig ist. Schwere Erkrankungen oder Symptome entstehen bei Wegfall der Inhibitoren, kaum aber bei Fehlen der Komplementfaktoren selber.

Alle Faktoren können mit spezifischen Antiseren quantitativ gemessen werden; in Anbetracht der großen Konzentration des C 3 ist die Bestimmung dieser Komponente einfach und wichtig, und sie wird deswegen bei verschiedenen klinischen Fragestellungen durchgeführt.

5.5. Enzyme

Enzyme sind Wirkstoffproteine, die vor allem intrazellulär und in Sekreten aktiv sind. Sehr viele können auch im Blutplasma gefunden werden, wo sie entweder lediglich passiv transportiert werden oder als Folge eines Überlaufens aus Parenchymzellen erscheinen (z. B. Transaminasen bei Leberzellschädigung); dieses große Gebiet ist das Thema spezieller Handbücher und kann hier nicht besprochen werden. Dagegen müssen Enzyme erwähnt werden, die als obligate Proteine des Plasmas vorkommen oder darin ihre Hauptwirkung entfalten.

5.5.1. Cholinesterase

spaltet Cholinester. Sie wurde früher zur Unterscheidung vom ähnlichen Enzym der Muskulatur als „Pseudocholinesterase" bezeichnet. Dieser Ausdruck ist fallengelassen worden, und zur Unterscheidung wird das Enzym des Muskels heute als „Acetylcholinesterase" präzisiert.

Cholinesterase hat in der Klinik aus zwei Gründen Bedeutung erlangt: Ihre Synthese geht parallel zu der des Albumins, und deswegen gibt ihre − leicht zu messende − Aktivität Aufschluß über die Albuminsynthese [S 17]. (wichtig bei Leberschädigungen.) Ferner sind verschiedene Muskelrelaxantien Cholinester; bei enzymatisch wenig aktiven genetischen Varianten der Cholinesterase sind schwere Narkosezwischenfälle beobachtet worden.

5.5.2. Coeruloplasmin

Coeruloplasmin ist ein blaues Metalloprotein, das in fester Bindung 6 Atome Kupfer pro Molekül enthält. Der größte Anteil des Gesamtserumkupfers ist darin eingebaut, wenig wird durch Albumin transportiert, und ein verschwindend kleiner Anteil liegt in Komplexverbindungen mit Aminosäuren vor [S 4, S 6, S 19]. Das kupferfreie Apocoeruloplasmin ist dargestellt worden. Physiologischerweise wird das Kupfer nur bei Katabolismus des gesamten Moleküls frei.
Die Enzymfunktion ist die einer Oxydase oder Polyphenoloxydase. Es katalysiert die Oxydation von Adrenalin (zu Adrenochrom), von Dopamin, von Serotonin und von Histamin.

5.5.3. Plasminogen

Diese inaktive Vorstufe des proteolytischen Enzyms Plasmin zirkuliert ständig im Plasma; durch Blutgerinnung, Komplementfaktoren und viele proteolytische Enzyme (u. a. Streptokinase) wird sie aktiviert. Plasmin spaltet vor allem Fibrin (Abbau von Gerinnseln), aber auch viele andere Proteine.

5.5.4. Lysozym

Lysozym konnte als stark basisches Protein aus Plasma gereinigt und kristallisiert werden. Es wird in Leukozyten gebildet, ist intensiv bakterizid, kommt normalerweise im Serum nur in geringer Konzentration vor, bei myeloischen Leukämien jedoch in hoher Konzentration, was von diagnostischem Wert ist (auch „Muramidase" genannt).

5.5.5. Lipoprotein-Lipase

Heparin aktiviert nach i. v. Injektion lipolytische Enzyme, die vermutlich im Fettgewebe gebildet und in Kapillar-Endothelien gespeichert werden, und die schon nach ½ Minute wirken. Lipasen für Mono-, Di- und Triglyceride, sowie Phospholipasen sind nachgewiesen. Sie bauen Lipide der Lipoproteine ab und tragen auf diese Weise zur Klärung von trübem lipämischem Plasma bei (deswegen auch „Klärfaktoren" = clearing factors) genannt [S 7].

5.5.6. Adenosin-Deaminase

Adenosin-Deaminase kommt in allen Körperzellen vor, im Plasma mit geringer Aktivität. Sie fehlt bei einer Sonderform des kombinierten Immunmangels (s. S. 97).

5.5.7. β_2-Glykoprotein I

Im Gegensatz zu den bisher aufgezählten Enzymen (5.1. bis 5.6.) ist die physiologische Funktion dieses rein dargestellten und kristallisierten Proteins unbekannt. Eine Familie mit hereditärem Defekt ist anscheinend gesund.

5.6. Enzym-Inhibitoren

Von den wahrscheinlich zahlreichen im Serum zirkulierenden spezifischen Inhibitoren für bestimmte Enzyme sind einige genau charakterisiert (Tabelle 7). Ihre quantitative Bestimmung kann global auf Grund der Enzym-Hemmaktivität oder einzeln für jedes Protein mit spezifischen Antiseren durchgeführt werden [S 21]. Wesentliche Veränderungen ihrer Konzentration findet man im Zusammenhang mit Krankheiten (Fehlen von α_1-Antitrypsin mit Lungenemphysem) oder als Folgen pathologischer Veränderungen (Erhöhung von α_2-Makroglobulin beim nephrotischen Syndrom, von α_1-Antitrypsin bei der Reaktion der akuten Phase etc.).

Diese Veränderungen sind nur z. T. kausal erklärbar, wie z. B. die Zunahme von Protease-Hemmer-Proteinen parallel zum Anstieg der Protease-Aktivität während der „Reaktion der akuten Phase". In die vermutlich vorhandenen Fein-Regulationen haben wir erst sehr oberflächlichen Einblick: So steht der mit Abstand größten molaren Konzentration des α_1-Antitrypsins im Serum seine langsame Wirkung gegenüber, während umgekehrt der nur in kleiner Menge vorhandene C 1-Inhibitor sehr rasch hemmt; bildlich: Die sofort eingreifende Notfall-Equipe (C 1-Inhibitor) ist nur klein, die für lange Einsätze vorgesehene große Schutztruppe (α_{1AT}) dagegen kann nur schleppend mobilisiert werden.

Das α_2-Makroglobulin wurde bereits als Transportglobulin besprochen. Es ist möglich, daß seine Eigenschaft als Antiprotease indirekt der regelmäßigen Bindung eines klein-molekularen Enzyms zuzuschreiben ist. Sicher kommt Trypsin in dieser Weise sehr fest und wahrscheinlich irreversibel gebunden vor, und zwar zu 88% an α_1-Antitrypsin, zu 9% an α_2-Makroglobulin und zu 3% an Inter-α-Trypsin-Inhibitor. Ein Mol α_{2M} bindet 2 Mol Trypsin oder 1 Mol Plasmin.

5.7. Gerinnungsfaktoren [A 11]

Auf dem physiologisch klar abgegrenzten Gebiet der Blutgerinnung zeigen sich die Vorteile einer Einteilung nach funktionellen gegenüber proteinchemischen Gesichtspunkten besonders deutlich: Klinisch besteht das Gerinnungssystem aus einem Gemisch von Massenproteinen (wie Fibrinogen), Spurenproteinen mit der Aktivität von Enzymen (oder ihren inaktiven Vorstufen) und Enzyminhibitoren. Das in großer Menge zirkulierende Effektorprotein Fibrinogen steht ständig in Bereitschaft zur Abdichtung von Leckstellen im Gefäß-System. Alle anderen Proteine dienen zu seiner rechtzeitigen Aktivierung am richtigen Ort, bzw. zur anschließenden Hemmung dieser Aktivierung. Eine kontinuierliche Blutgerinnung geringen Ausmaßes läuft ununterbrochen ab, sie erklärt die konstante Verbrauchsrate von Fibrinogen. Die Sequenz der Aktivierung zahlreicher Faktoren hat auffallende Ähnlichkeit mit dem Komplementsystem, mit dem auch verschiedene Wechselwirkungen und Querverbindungen bekannt sind.

Im Rahmen dieser Übersicht ist nur auf die proteinchemischen Befunde des Gerinnungssystems einzugehen, d. h. vorwiegend auf das Fibrinogen, da nur wenige von den andern Faktoren bisher in ihrer Struktur aufgeklärt sind.

5.7.1. Fibrinogen

Seine Haupteigenschaft ist die Gerinnbarkeit: Die langgestreckten Einzelmoleküle lagern sich in einer ersten Phase End-zu-End aneinander und bilden dadurch sehr lange Fasern, die in der zweiten Phase unter der Einwirkung des Fibrin-stabilisierenden Faktors quer vernetzt werden. Die dabei ablaufenden molekularen Ereignisse sind gut untersucht und können stark vereinfacht folgendermaßen geschildert werden (Abb. 11): Im Fibrinogenmolekül liegen drei Polypeptidketten nebeneinander, die je aus einem Paar gleichartiger Ketten bestehen (α_2, β_2, γ_2). Die nach elektronenoptischen Aufnahmen gewonnene Ansicht, daß diese stark asymmetrischen Moleküle gelöst in ausgestreckter Form vorliegen, ist nach neueren Untersuchungen dahin zu korrigieren, daß solche Fäden um die Kanten eines Fünfeck-Dodekaeders herum gefaltet sind, so daß natives Fibrinogen annähernd globuläre Gestalt besitzt [R 4]. Thrombin spaltet an den beiden freien Enden der α-Ketten das Oligopeptid A, an den Enden der β-Ketten das Oligopeptid B ab. Die dadurch freigelegten Gruppen verbinden sich mit gleichartigen des nächsten ebenso veränderten Moleküls. Damit ist die erste Phase

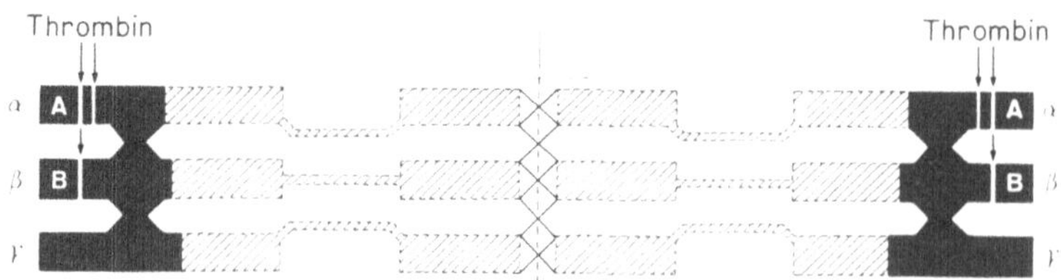

Abb. 11. Struktur des Fibrinogenmoleküls: 3 Kettenpaare (α, β, γ) stehen sich spiegelbildlich gegenüber und sind im Bereich von 3 „Knoten" quer miteinander verknüpft. Thrombin führt durch Abspaltung der Oligopeptide A und B das Fibrinogen in Fibrin über

eugung eines längsstabilen, aber noch löslichen Fibrinpolymers abgeschlossen. Der unterdessen aktivierte Faktor XIII, eine Transpeptidase, spaltet nun Peptidgruppen im Längsverlauf der Primärfasern ab und ermöglicht dadurch die Bildung von Querverknüpfungen; das derart vernetzte Gerinnsel ist unlöslich. In einer dritten Phase bewirkt das Retraktozym eine Verkürzung der Einzelmoleküle von 47,5 auf 24,0 nm, die als „Retraktion des Gerinnsels" mit bloßem Auge beurteilt werden kann.

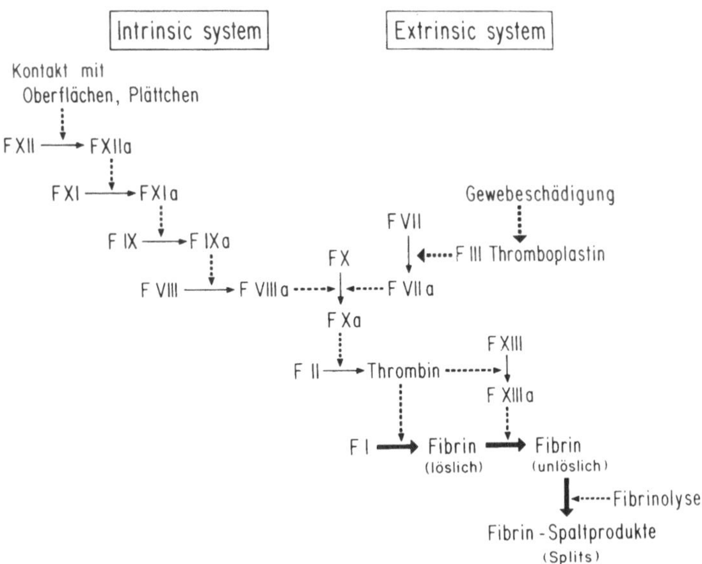

Abb. 12. Schema der Blutgerinnung: der zentrale Faktor X kann auf zwei Wegen aktiviert werden: aus dem System selber, beginnend mit dem Thrombozyten, oder von außen, beginnend mit einer Gewebeschädigung. Beide Wege bestehen aus einer „Kaskade", wobei jeweils ein aus der inaktiven Vorstufe generierter Faktor eine nächste Stufe aktiviert. Im Gegensatz zum Komplementsystem sind die Faktoren von unten nach oben numeriert.
Synonyma: FI = Fibrinogen. FII = Prothrombin. FIII = Thromboplastin. (F IV = Kalzium; F V und F VI, Proaccelerin und Accelerin wurden gestrichen). F VII = Proconvertin. F VIII = Antihämophiler Faktor A. F IX = Christmas factor oder Antihämophiler Faktor B. F X = Stuart-Prower Faktor. F XI = Plasma thromboplastin antecendent (PTA). F XII = Hageman Faktor. F XIII = Fibrinstabilisierender Faktor

Physiologischerweise wird durch jeden Gerinnungsvorgang auch Plasminogen zu Plasmin aktiviert, das Fibringerinnsel wieder auflöst (Fibrinolyse, aber auch Fibrinogenolyse). Dabei entstehen die weitgehend definierten Fibrin-Spaltstücke A, B, C, D, die immunoelektrophoretisch mit entsprechenden Antiseren nachgewiesen werden können.

Die großen Zusammenhänge gehen aus dem Schema der Blutgerinnung (Abb. 12) hervor; Einzelheiten finden sich in hämatologischen Lehrbüchern.

Alle Gerinnungsfaktoren zirkulieren nur wenige Stunden bis Tage, Fibrinogen und fibrinstabilisierender Faktor am längsten (4–5 Tage). Diese kurzen Halbwertzeiten lassen Synthesestörungen frühzeitig in Erscheinung treten. Quantitative Messungen der Faktoren II, VII, IX und X, die alle in der Leber synthetisiert werden, sind deswegen wertvoll zur Erkennung und Kontrolle von Leberfunktionsstörungen (leberabhängige und auf Vitamin K empfindliche Faktoren). Die willkürliche Beeinträchtigung ihrer Synthese ist die Basis der oralen Antikoagulantien-Therapie.

Faktor VIII wird nicht in der Leber, sondern wahrscheinlich in der Milz synthetisiert. Die Messung der meisten Faktoren ist nur mit funktionellen indirekten Methoden möglich. Direkte Bestimmungen mittels spezifischer Antiseren erlauben die exakte Messung der Gerinnungsproteine. Aus Diskrepanzen zwischen Proteinmenge und physiologischer Funktion schließt man auf das Vorliegen eines anomalen Proteins.

5.8. Lipoproteine [F 9, S 7]

Die Lipoproteine transportieren beträchtliche Fettmengen. Sie sind deshalb die größten Kalorienträger. Die hydrophoben Lipide werden dabei durch hydrophile Proteine in wäßrige Lösung gebracht. Dafür genügen Proteinmengen von etwa 10 g/l, deren Beladung mit Lipiden jedoch je nach Ernährungszustand, unmittelbar vorausgegangener Nahrungszufuhr und endogenen Faktoren in weiten Grenzen variiert (Abb. 13): Bei den im Lichtmikroskop eben sichtbaren Fett-Tröpfchen der Chylomikronen beträgt die Proteinmenge nur 1%, bei den dichtesten α-Lipoproteinen über 50%. Einerseits werden frisch resorbierte Fette durch zirkulierende Lipoproteinlipase

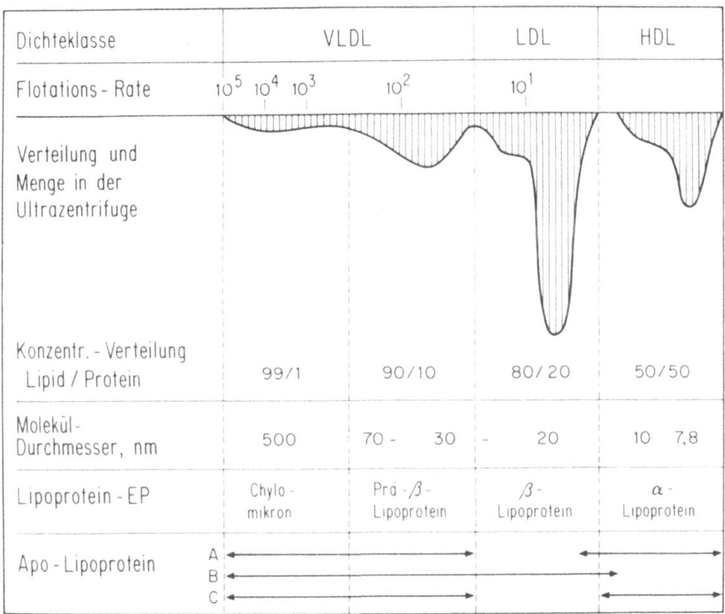

Abb. 13. Lipoproteine, Möglichkeiten der Charakterisierung: nach dem Flotationsverhalten in der Ultrazentrifuge unterscheidet man 3 Dichte-Klassen: sehr geringe Dichte (VLDL), geringe Dichte (LDL), hohe Dichte (HDL). Die graphische Darstellung zeigt die approximativen Mengenverhältnisse, wobei die Kurve von oben nach unten zu lesen ist. — Diese Charakterisierung stimmt weitgehend überein mit der elektrophoretischen Mobilität (Lipoprotein-Elektrophorese), in der die 4 Klassen der Chylomikronen, der Prä-β-Lipoproteine, der β-Lipoproteine und der α-Lipoproteine getrennt werden können. Dagegen überschneiden sich diese Klassen mit den immunologisch bestimmten Apo-Lipoproteinen A, B und C

aus den Chylomikronen herausgelöst und die dabei frei werdenden Produkte Glycerin und Fettsäuren verbrannt oder gespeichert; andererseits wird aus dem Fettgewebe wieder mobilisiertes Lipid von freien Lipoproteinen übernommen und seiner neuen Bestimmung zugeführt.

Die ungewöhnlichen Eigenschaften der Lipoproteine konnten nur mit neuen Methoden erforscht werden; drei Richtungen brachten Erfolge:

1. Die Grundlagen wurden anfangs der Fünfzigerjahre durch Verwendung der *Flotations-Ultrazentrifugierung* erarbeitet. Lipide haben eine spezifische Dichte von 0,88–0,9, Proteine von 1,3–1,35. Lipoproteine liegen dazwischen, besetzen allerdings vom gesamten möglichen Spektrum nur den Dichte-Bereich von 0,92–1,21. In diesem unterscheidet man Lipoproteine sehr geringer Dichte (very low density lipoproteins = VLDL), geringer (low density lipoproteins = LDL) und hoher Dichte (high density lipoproteins = HDL) (Abb. 13). Der Aufwand für eine Ultrazentrifugen-Untersuchung ist aber so groß, daß er für praktische Bedürfnisse der Klinik nicht in Betracht kommt.

2. Etwa gleichzeitig begann man an der *immunologischen Darstellung* von individuellen Lipoproteinen zu arbeiten, die mit der Identifizierung von drei lipidfreien „Apoproteinen" (A, B und C) zum Abschluß kam. Diese Proteinfraktionen können mit spezifischen Antiseren gemessen werden [G 13]. Die gewonnenen Resultate sind schwer zu deuten, weil sie kaum mit den Dichteklassen übereinstimmen. Sie zeigen, daß die nativen Lipoproteine komplizierte Gefüge aus verschiedenen Lipid- und mehreren Apolipoprotein-Elementen sind. Die starke Tendenz isolierter Apoproteine zur Polymerisation bietet für diese verschachtelte Struktur gute Voraussetzungen.

3. Der für die Klinik entscheidende Durchbruch wurde durch *Adaptation elektrophoretischer Methoden* erzielt: zuerst mit der Papier-, dann mit der Celluloseacetatfolien-Elektrophorese; später gelangen noch bessere Auftrennungen in Agargel, neuerdings auch in Polyacrylamidgel. Damit ist es heute bei geringem Kosten- und Arbeitsaufwand möglich, zahlreiche Patienten zu untersuchen oder bei individuellen Patienten wiederholte Kontrollen durchzuführen. Eine unerläßliche Ergänzung bildet die chemische Analyse der vom Protein abgesprengten Lipide (Neutralfette, Phospholipide und Cholesterin), die ebenfalls relativ einfach und billig durchführbar ist.

Die elektrophoretisch abgegrenzten Fraktionen ω, β, Prä-β und α entsprechen ziemlich genau der Auftrennung mit der Ultrazentrifuge in Chylomikronen, LDL, VLDL und HDL. Dagegen besteht keine Beziehung zu den Apo-Lipoproteinen, deren Anteile A, B und C in verschiedenen Kombinationen bei allen 4 elektrophoretischen Fraktionen vorkommen. — Die quantitative Auswertung von Lipoprotein-Elektrophoresen ist wenig sinnvoll, da die Anfärbung mit fettlöslichen Farbstoffen nur von der variablen Lipid-Beladung bestimmt wird. Die semiquantitative Abschätzung mit bloßem Auge genügt, und nur massive Anomalien sollten diagnostisch verwertet werden.

Ein anomales Lipoprotein niedriger Dichte, LpX, wird im Serum von Patienten mit Cholostase nachweisbar [P 8, S 11]. Seine Struktur ist unbekannt, die Bestimmung erfolgt mit einem spezifischen Antiserum.

Die Synthese aller Lipoproteine erfolgt vor allem in der Leber, teilweise aber auch in der Darmwand.

5.9. Proteine mit noch unbekannter Funktion

Eine ganze Reihe weiterer Plasma-Proteine ist von Chemikern rein dargestellt und zum Teil weitgehend charakterisiert worden (Tabelle 7). Da ihnen zurzeit keine Funktion zugeordnet werden kann, ist hier nicht ausführlich darauf einzugehen.

Der Begriff „Glykoproteine" muß hier besprochen werden. Darunter versteht man Proteine mit Kohlenhydrat-Seitenketten [S 8]. Da außer Albumin praktisch alle Plasmaproteine Zuckerreste besitzen (und streng genommen in diese Kategorie gehören), wurde vorgeschlagen, nur bei höherem Kohlenhydrat-Gehalt von „Glykoproteinen" zu sprechen, wobei die Festsetzung des Prozentsatzes willkürlich ist. Ferner wurden als „Mukoproteine" oder „Mukoide" die in Perchlorsäure löslichen Glykoproteine bezeichnet. Methodisch können die Glykoproteine in der Papierelektrophorese relativ einfach durch Färbung der Kohlenhydrate mit PAS dargestellt werden (Glykogramm). Ferner können die Kohlenhydrate (global oder nach einzelnen Zuckern aufgetrennt) chemisch bestimmt werden.

Zweifellos spielen Glykoproteine im ganzen Körper eine sehr wichtige Rolle als Wirkstoffe verschiedenster Art. — Dagegen ist es vom klinischen Standpunkt aus zurzeit nicht möglich, die Glykoproteine des Blutplasmas sinnvoll in ein System einzuordnen. Wir erwähnen den Begriff hier nur als fest eingebürgerten chemischen Terminus und mit ausdrücklichem Verzicht auf eine funktionelle klinikbezogene Einordnung.

6. Stoffwechsel der Plasmaproteine [D 3, K 3, S 9]

Bei ausgeglichener Stoffwechsel-Lage herrscht ein Gleichgewicht, in dem die Bilanz von Proteinsynthese und Proteinverlusten ausgeglichen und der Blutspiegel einzelner Metaboliten konstant ist. Dieser Zustand ist vergleichbar mit dem Wasserstand in einem fließenden Gewässer und wird deswegen als Fließgleichgewicht (= steady state) bezeichnet. Störungen können, wie bei einer Bilanz, primär auf der Einnahmen- oder auf der Ausgabenseite liegen. Die Beziehung zwischen Synthese und Katabolismus kann drei Mustern entsprechen (Abb. 14):

1. Starre Kopplung: Der Abbau steigt proportional mit der Synthese und umfaßt immer den gleichen Prozentsatz der gesamten Proteinmenge (= des Gesamtpools). Beispiel: Fibrinogen, dessen Spiegel vor allem durch die Synthese-Rate bestimmt wird.

2. Keine Kopplung: Der Abbau ist konstant, er nimmt also bei kleinem Pool und/oder niedriger Konzentration einen größeren Anteil des Gesamtproteins in Anspruch als bei hohem Spiegel. Beispiel: Haptoglobin, das (mol für mol) täglich die gleiche anfallende Hämoglobinmenge abfangen muß.

3. Rückkopplung: Hohe Plasmakonzentration hemmt die Synthese, so daß der Katabolismus proportional überwiegt. Beispiel: Immunglobuline. Dadurch wird verhindert, daß bei anhaltendem Antigenreiz die Antikörperbildung ständig zunimmt.

Als „Abbau" (Katabolismus) wird hier das Schicksal eines einzelnen Plasmaproteins im gesamten Körper verstanden, das für jede Fraktion sehr unterschiedlich ist:
a) Verlust: Alle Proteine gehen „versehentlich" verloren. Als Beispiel sei das Albumin erwähnt, das von keinem Organ in wesentlichem Ausmaß utilisiert wird. Eine Abnutzung in der Zirkulation ist bei dem in vitro äußerst stabilen Molekül kaum denkbar. Dagegen kann der tägliche Verbrauch durch genaue Berechnung der Verluste nach außen vollständig erklärt werden: renal gelangt ca. $^{1}/_{1000}$ des

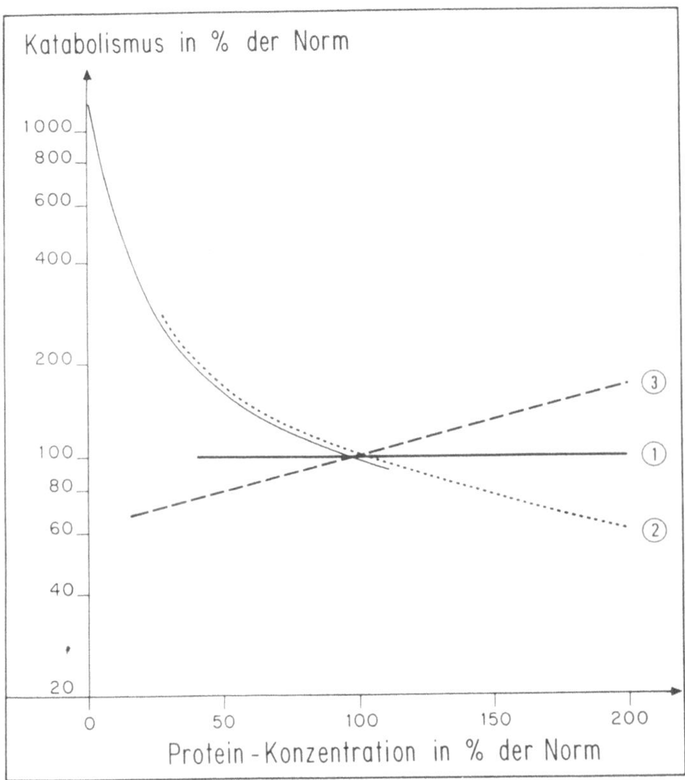

Abb. 14. Proteinstoffwechsel: Protein-Konzentration und -Katabolismus können in 3 verschiedenen Beziehungen zueinander stehen: 1. Starre Kopplung (Beispiel: Fibrinogen), 2. keine Kopplung (Haptoglobin), 3. Rückkopplung (IgG)

Plasmaalbumins infolge unvollkommener Filtration in den Primärharn, aus dem es im Tubulus nach proteolytischem Abbau rückresorbiert wird. Die Berechnung ergibt einen renalen Verlust von 2–8 g pro Tag. In den Magendarmkanal geht Albumin auf ähnliche Weise durch Verdauungssäfte, Exsudation und Mikroblutungen verloren. Der enterale Verlust wird auf 8–25 g pro Tag oder auf 70% des Gesamt-Katabolismus, der renale auf 15% geschätzt; die restlichen 15% sollen in Leber, Haut und anderen Organen verbraucht werden. — Statt von Katabolismus zu sprechen, ziehen wir es vor, diese anscheinend unvermeidlichen Verluste als „Verschleiß" („wear and tear") zu bezeichnen.

b) Kontinuierliche Utilisation: Proteine nehmen ständig am Stoffumsatz teil, wie z. B. viele Komplementfaktoren, die aus inaktiven Vorstufen aktiviert werden, kurze Zeit als Enzyme wirksam sind und dann der Inaktivierung durch Inhibitoren anheimfallen.

c) Ausnahme-Verbrauch: Proteine werden in Ausnahmesituationen besonders stark beansprucht und aufgebraucht, wie z. B. Fibrinogen im Verlauf einer akuten Blutung.

Aus der vollständigen Kenntnis dieser Faktoren könnte eine Anzahl von Stoffwechselgrößen, wie die Halbwertszeit, die Synthese- und Abbaurate und der Umsatz (turnover) berechnet werden. Die Situation wird aber dadurch kompliziert, daß die Verteilung der Gesamtproteinmenge auf einzelne Körperkompartimente, wie intra- und extravaskulären Raum, sehr variabel und von Eigenschaften der einzelnen Moleküle abhängig ist. In „multikompartimentalen Systemen" werden die Berechnungen aber kompliziert und unübersichtlich (ausführliche Diskussion bei [S 9].

Der sehr erhebliche Aufwand für derartige Untersuchungen schränkt ihre Anwendung auf grundsätzliche Fragen der Physiologie und Pathophysiologie ein. In der Klinik muß man sich auf eine umschriebene wissenschaftliche Fragestellung bei einzelnen Patienten beschränken. Der gewöhnlich notwendige Einsatz radioaktiver Isotopen engt die Indikation noch weiter ein, vor allem bei Kindern. Schließlich ist der physiologische Zustand des Patienten zu beachten: Konstanz des Fließgleichgewichtes (steady state) ist auch beim Studium von kranken Menschen zu verlangen, z. B. ist die Untersuchung des Protein-Stoffwechsels bei einem Patienten mit nephrotischem Syndrom sinnlos, wenn während der dafür nötigen Zeit eine wesentliche klinische Veränderung erfolgt. Umgekehrt kann aber oft ein dynamischer Ablauf durch Messung einer Einzelgröße charakterisiert werden; dafür kann ihre Abweichung von der Norm genügen, wie z. B. der Nachweis einer erheblich verkürzten Halbwertszeit von radioaktiv markiertem Fibrinogen auf einen intra-vaskulären Gerinnungs-Prozess hinweist.

Im Gegensatz zu den aufwendigen vollständigen Stoffwechselstudien werden für klinische Fragestellungen rudimentäre Prüfungen, wie die isolierte Messung oder Schätzung einer einzelnen Größe, häufig mit Erfolg angewendet, z. B. Bestimmung des Proteinverlustes bei nephrotischem Syndrom nur aufgrund der Hypalbuminämie (s. S. 150), oder Berechnung der Syntheserate für Immunglobuline bei multiplem Myelom aus der Menge eines M-Gradienten (s. S. 133), oder Schätzung des gesamten Komplementverbrauchs aufgrund einer Verminderung von C 3 etc. So kann oft auf relativ einfache Weise das Vorliegen oder die Aktivität eines pathologischen Prozesses nachgewiesen oder — bei wiederholter Messung — kontrolliert werden. Dafür müssen zwei Größen bekannt sein: die normale Plasmakonzentration und die Halbwertszeit der entsprechenden Proteinfraktionen (s. Tabelle 7).

III. Klinik der Proteinveränderungen

Die systematische Einteilung von Störungen der Plasmaproteine ging bisher entweder von klinisch-empirischen oder von chemischen Gesichtspunkten aus [K 3, R 7, S 9, W 12]. In den letzten zwei Jahrzehnten haben sich die Vorhersagen von BENNHOLD [B 7] und SCHULTZE [S 8], daß individuellen Plasmaproteinen spezielle Funktionen zukommen, oft als richtig erwiesen; eine *funktionelle Einteilung* scheint deswegen erstrebenswert. Ein Versuch dazu kann heute unternommen werden, da die Voraussetzungen zur praktischen Anwendung in der Klinik erfüllt sind: Für die Mehrzahl der klinischen Indikationsbereiche liegen genügend Angaben über Funktionen, Auf- und Abbaugrößen von Plasmaproteinen vor, und die Konzentrationsmessung einiger Einzelfraktionen ist weit verbreitet. Für diese Krankheiten kann eine logische Systematik aufgebaut werden; sie stellt die primären Synthesestörungen den sekundären Veränderungen des Protein-Abbaus gegenüber.
Leider hat auch diese Einteilung ihre Grenzen, und deswegen wird auf die konsequente Durchführung dann verzichtet, wenn sie — vor allem wegen mangelnder Kenntnisse — noch nicht zwanglos möglich ist.

1. Physiologische Befunde

Kenntnis der Normalwerte ist eine unerläßliche Voraussetzung für die Erkennung und Beurteilung pathologischer Befunde. Wegen Mißachtung dieses Grundsatzes wurden einige Arbeiten ohne Aussagekraft publiziert und — was schwerer wiegt — zahlreiche vermeintliche Patienten unnötigen Untersuchungen und Behandlungen unterzogen.

Die Blutentnahme bei normalen Personen in gutem Gesundheitszustand, die für die Gewinnung von Normalwerten nötig ist, stößt auf mancherlei Schwierigkeiten. Wenige sorgfältig erarbeitete Daten sind dabei oft wertvoller als eine große Anzahl Angaben aus heterogenem Material. Die physiologischen Fehlerquellen (s. S. 25) müssen beachtet und nach Möglichkeit vermieden werden. Optimale Untersuchungstechnik ist unerläßlich.

1.1. Plasmaproteine während der Schwangerschaft

Eine progressive geringgradige Abnahme des Gesamtproteingehaltes während der ganzen Graviditätsdauer ist schon seit langem bekannt. Sie ist Ausdruck einer stärkeren Blutverdünnung (Hydrämie), die trotz Vergrößerung des Gesamtproteinpools um ca. 50 g oder 22% bis 49% manifest wird, weil das Plasmavolumen noch mehr zunimmt [H 7].

Elektrophoretische Untersuchungen zeigen eine Abnahme der Albuminkonzentration bis auf ca. 30 g/l bei gleichzeitigem Anstieg der α- und β-Globuline, während die γ-Globulinfraktion keine wesentliche Veränderung erfährt. − Nach der Entbindung sieht man eine Akzentuierung dieser Veränderungen, die als Reaktion der akuten Phase (s. S. 160) aufgefaßt werden kann und bald abklingt, so daß wenige Wochen später das Serumproteinbild des normalen Erwachsenen wieder hergestellt ist.

Die differenzierte Untersuchung einzelner Serumproteine zeigt Charakteristika der Reaktion der akuten Phase [G 2, G 4]: α_1-Antitrypsin, α_2-Makroglobulin, Plasminogen und Fibrinogen sind stark erhöht. Zwischen den Konzentrationen einiger AP-Proteine bestehen feste Korrelationen (z. B. Coeruloplasmin-Fibrinogen-Orosomucoid-Haptoglobin), die bei anderen Proteinen fehlen. Zusätzlich findet man gegen Ende der Schwangerschaft eine sehr starke Vermehrung des Transferrins, des Coeruloplasmins (auf das zwei- bis dreifache der Norm) und des kortikoidbindenden Globulins.

Besonderes Interesse wurde „schwangerschafts-spezifischen" Proteinen entgegengebracht (Tabelle 7). Von den so bezeichneten Glykoproteinen ist aber nur das SP 1 tatsächlich schwangerschafts-spe-

74

zifisch, alle andern [SP 2, SP 3 und PAP] wurden auch bei gesunden Frauen, die Kontrazeptiva einnahmen, bei Männern unter Oestrogentherapie und gelegentlich bei Karzinompatienten nachgewiesen, so daß man sie heute ebenfalls als Proteine der akuten Phase (s. S. 44) ansieht [B 10].

Auch die meisten anderen während der Schwangerschaft beobachteten Konzentrationsverschiebungen kommen bei kontrazeptiv behandelten Nichtgraviden ebenfalls vor, z. B. ist die Coeruloplasminvermehrung oft so massiv, daß Plasma dieser Frauen auf den ersten Blick an einer bläulich-grünlichen Verfärbung erkannt werden kann.

1.2. Plasmaproteine in der Fetalzeit

Der Beginn der Proteinsynthese fällt mit dem Anfang des Lebens zusammen. Plasmaproteine im besonderen können schon so früh wie die ersten zellulären Blutelemente nachgewiesen werden. Über ihre Entwicklung liegen bei Embryonen von der 10. Gestationswoche an systematische Untersuchungen vor. Ihre Konzentration ist noch in der 20. Woche sehr niedrig (um 30 g/l). In der zweiten Gestationshälfte nähern sich die meisten Werte denen des normalen Neugeborenen.

1.2.1. Fetale Proteine

Einige gut charakterisierte Proteine kommen physiologischerweise nur in der Embryonal- oder Fetalperiode in größerer Menge vor: α_1-*Foetoprotein* erreicht in der 10.–22. Gestationswoche ein Maximum von 3 g/l, sinkt dann allmählich ab und ist nach der 35. Gestationswoche kaum mehr nachweisbar (Abb. 15). − Praktische Bedeutung hat der Übergang dieses fetalen Proteins auf die Mutter, in deren Kreislauf die Konzentration um die 30. Schwangerschaftswoche bis zu 0,1 g/l erreicht [A 2]. Die zeitliche Verschiebung des Konzentrationsmaximums bei Fet und Mutter (Abb. 15) erklärt sich aus der Massenzunahme des Fetus und damit auch der gesamten α_{1F}-Menge. − Noch wichtiger ist der Übergang ins Fruchtwasser, weil daraus Störungen der Entwicklung erkannt werden können. Erhöhte α_1-Konzentration in der Amnionflüssigkeit oder im mütterlichen Serum kann folgende Ursachen haben (Abb. 16):

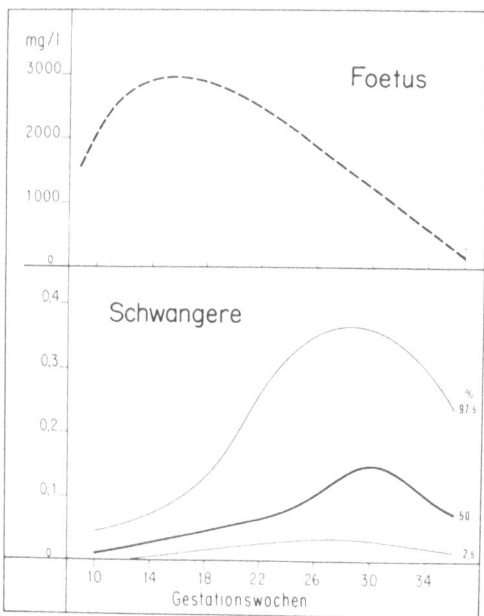

Abb. 15. Verhalten des α_1-Foetoproteins beim Foetus und bei der Schwangeren im Verlaufe der Schwangerschaft. Beachte die unterschiedliche Skala und die Phasenverschiebung zwischen Mutter und Kind. Die Werte für Schwangere sind in Perzentilen angegeben (umgezeichnet nach [A 2])

1. Absterben des Fetus führt zu Transsudation in die Amnionhöhle mit sehr hoher α_{1F}-Konzentration im Fruchtwasser.

2. Bei Entwicklungsstörungen des Neuralrohrs (Spina bifida) tritt α_{1F} aus dem fetalen Liquor ins Fruchtwasser über.

3. Bei Störungen des Schluckaktes (mechanisch infolge Oesophagusatresie, oder neurologisch bedingt) ist anscheinend die Verdauung des α_{1F} im fetalen Darmtrakt herabgesetzt.

4. Bei Störungen der Plazentarschranke (z. B. im Zusammenhang mit Diabetes mellitus der Mutter) steigt die α_{1F}-Konzentration im mütterlichen Kreislauf.

5. Die bei fetaler Erkrankung wie schwerer Blutgruppeninkompatibilität beobachtete α_{1F}-Zunahme im mütterlichen Blut wird auf erhöhte Syntheseleistung des Fetus zurückgeführt.

76

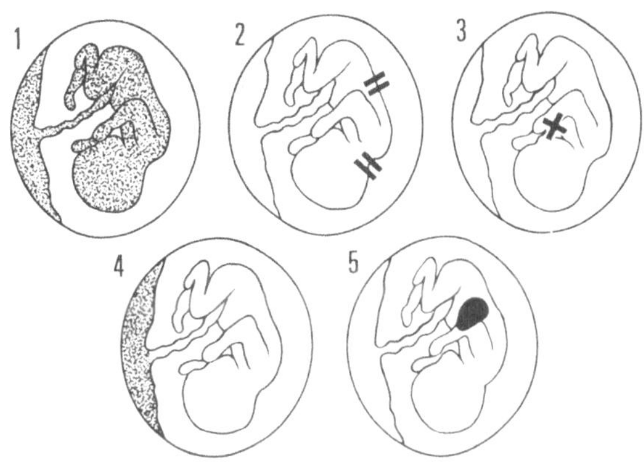

Abb. 16. Aetiologie der α_1-Foetoproteinerhöhung im Fruchtwasser, resp. im Serum der Schwangeren:
1. Fruchttod
2. Mißbildung des Neuralrohrs
3. Oesophagusatresie
4. Plazentarinsuffizienz
5. Morbus haemolyticus neonati (aus [A 2])

6. Bei kongenitaler Nephrose des Fetus ist die α_{1F}-Konzentration in der Amnion-Flüssigkeit erhöht; der Mechanismus ist unbekannt. Andere fetale Proteine (wie das karzino-embryonale Antigen = CEA, das β-onko-fetale Antigen = BOFA und das γ-Foetoprotein = γ_F) haben z. Zt. noch keine praktische Bedeutung bei der Kontrolle des Fetus erlangt, sondern nur im Zusammenhang mit malignen Erkrankungen im postnatalen Leben; sie werden deswegen als „onkofetale Antigene" zusammengefaßt (s. Tabelle 7 und S. 27).

1.2.2. Übrige Plasmaproteine des Fetus

In fetalen Geweben (Leber, Milz, Darmwand, Niere) wurde in verschiedenem Alter die Synthese zahlreicher Plasmaproteine nachgewiesen, die auch im postnatalen Leben vorkommen [P 11]. Im Blut-Serum überwiegt in der ersten Gestationshälfte Albumin bei weitem (über 90% des Gesamtproteins in der 20. Woche). Neben der quantitativ stetig zunehmenden Eigensynthese spielt der Übergang kompletter Proteine aus dem Kreislauf der Mutter keine Rolle, mit der

einzigen, allerdings sehr wichtigen Ausnahme des IgG. Die Plazenta
bildet ein dichtes Filter, das den Stoffaustausch zwischen Mutter
und Fetus auf Substanzen mit kleinem Molekulargewicht beschränkt, und das im besonderen Falle nur für Aminosäuren und
Oligopeptide als Protein-Präkursoren durchlässig ist.
Eine Sonderstellung nehmen die Immunglobuline ein: Lymphoide
Stammzellen (B_0 nach Abb. 7) erwerben in der 11.–15. Gestationswoche die Fähigkeit zu ihrer Synthese, können sie aber noch nicht
in die Blutflüssigkeit sezernieren, sondern nur bis auf die Zell-
Oberflächen bringen (B_1). Durch diese Markierung mit Immunglobulinen werden sie als B-Zellen erkennbar. Die einzelnen Immunglobulinklassen erscheinen in der ontogenetischen Entwicklung in
der gleichen Reihenfolge wie in der Phylogenese: IgM — IgG —
IgA. Die Umschaltung von einer Klasse auf die andere („switch")
geht über seltene Zellen, welche H-Ketten beider Klassen synthetisieren (zuerst $\mu + \gamma$, dann $\gamma + \alpha$), während die meisten Zellen nur
eine Ig-Klasse bilden. Am Ende des 3. Gestationsmonats ist die Fähigkeit zur Immunglobulinsynthese vollkommen entwickelt. Die Immunglobuline bleiben aber in der ganzen intrauterinen Lebensphase
zellgebunden und werden nicht in den Blutstrom sezerniert. Wenn
der Fetus oder sein Lebensraum (Cavum uteri) aber infiziert wird,
ist die schlummernde Potenz innerhalb kurzer Zeit realisierbar, d. h.
der Fetus kann seine eigenen Immunglobuline und spezifischen Antikörper sezernieren; aus zytologischem Gesichtswinkel gesehen
kann diese Tatsache so beschrieben werden, daß die Differenzierung der B_1-Lymphozyten bis zum Stadium B_5 schnell realisierbar
ist.
Das normale Neugeborene kommt also ohne eigene Immunglobuline im Plasma zur Welt. Bei vielen Tierarten (z. B. beim Rind) ist es
tatsächlich a-γ-globulinämisch. Beim Menschen werden dem Säug-
ling mütterliche Antikörper durch einen neuen Mechanismus übertragen; dieser ist nur für das phylogenetisch „neue" IgG wirksam,
dessen Fc-Stück dabei eine zentrale Rolle spielt. Sicher ist dieser
Transport ein komplizierter Prozeß, in dessen Verlauf das IgG-Molekül in der Plazentarzotte teilweise degradiert und auf der kindlichen Seite wieder aufgebaut wird. Der mütterliche Ursprung des
kindlichen IgG ist eindeutig bewiesen, z. B. auf Grund seiner Antikörper-Spezifität und seiner genetischen Marker (z. B. Gm), die

78

durchwegs dem mütterlichen Typ entsprechen. Nur die hämochoriale Plazenta ist zu dieser Leistung fähig. Bei Wiederkäuern (mit syndesmochorialer Plazenta) werden dem a-γ-globulinämischem Neugeborenen in den ersten Lebensstunden reichlich Antikörper durch das Kolostrum zugeführt, die sehr schnell durch die Darmwand resorbiert werden.

1.3. Plasmaproteine in der frühen postnatalen Zeit

1.3.1. Immunglobuline

Der neugeborene Mensch kommt also mit einer reichlichen Wegzehrung von IgG und spezifischen Antikörpern zur Welt, die ihn in den ersten Lebensmonaten ausgezeichnet gegen Infektionen schützt (Leihimmunität). Am Termin geborene Kinder haben IgG-Werte, die sogar leicht über denen ihrer Mütter liegen. Bei Frühgeborenen besteht ein Defizit, das umso beträchtlicher ist, je kürzer die Gestationszeit war. Im Nabelschnurblut von Frühgeborenen verschiedenen Gestationsalters findet man in der 28.–40. Woche einen logarithmischen Konzentrationsanstieg (Abb. 17) [C 9]. Dieses mütter-

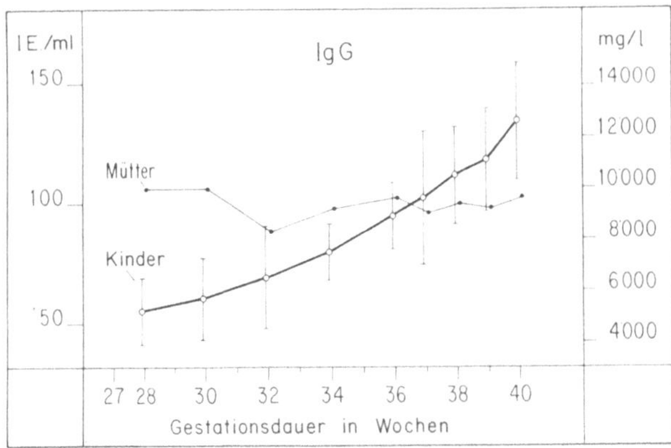

Abb. 17. Entwicklung der IgG-Konzentration in der Foetalzeit [C 9] logarithmischer Anstieg im letzten Schwangerschafts-Drittel bis über den Wert der Mütter

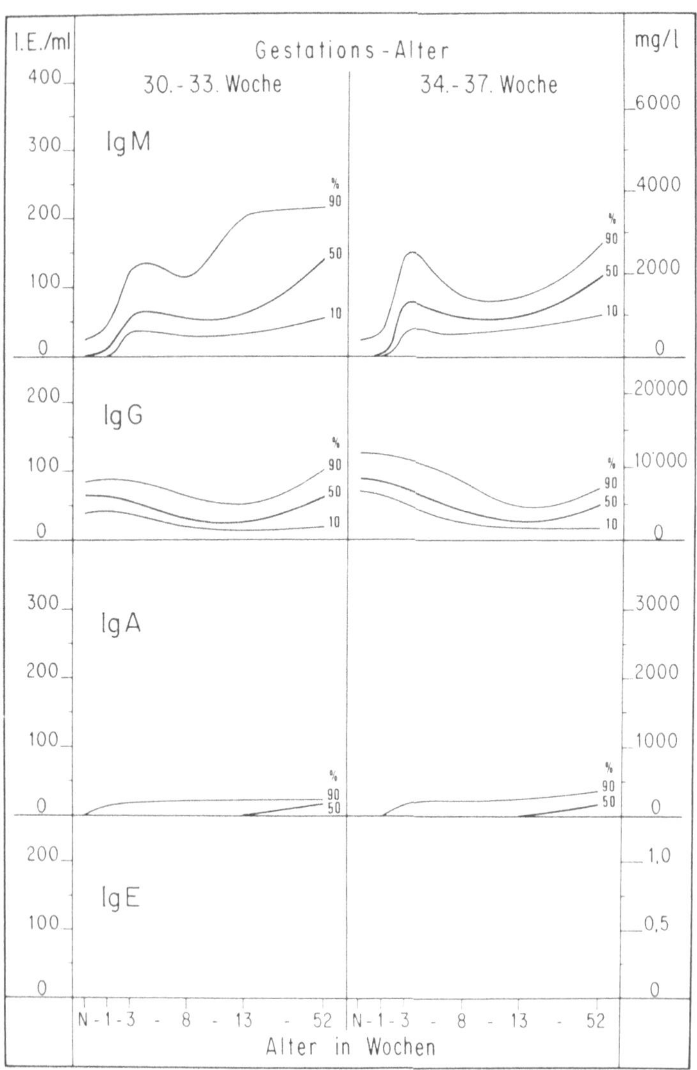

Abb. 18a. Normalwerte für Immunglobuline bei Frühgeborenen. Darstellung in Perzentilen: 10.–90. Perzentile entspricht approximativ einem Vertrauensbereich von 95%. Angabe in IE/ml (linke Seite) und in mg/l (rechte Seite).
Relation nach eigenen Werten: 1 E/ml entspricht 94 mg/l für IgG, 0,6 mg/l für IgM und 1,0 mg/l für IgA. (Originaldaten: P 7)

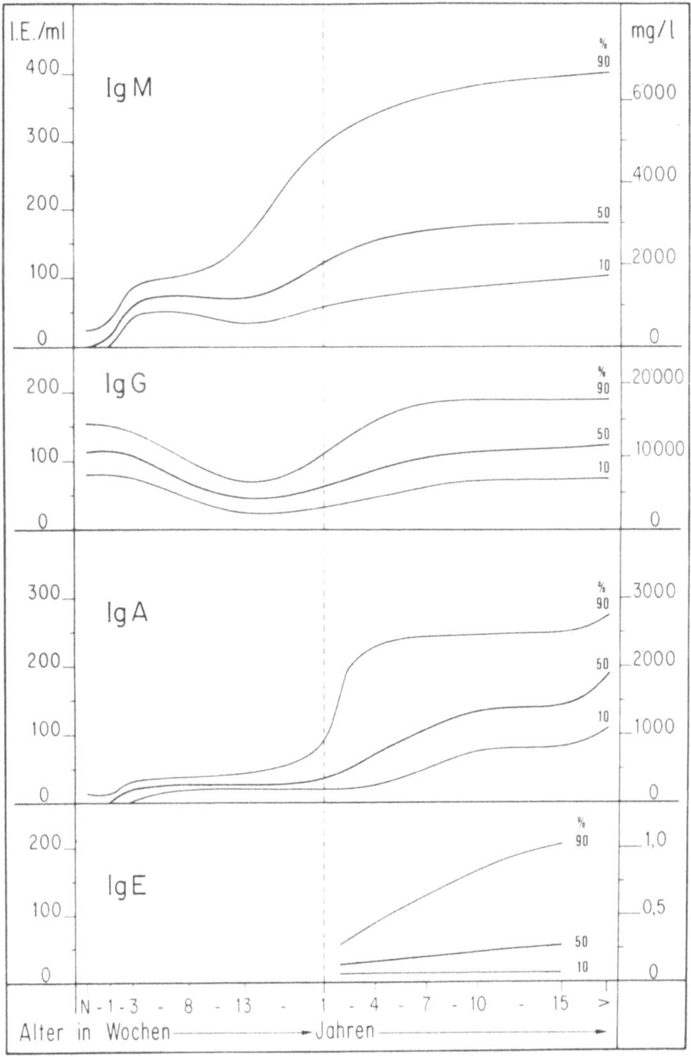

Abb. 18b. Normalwerte für Immunglobuline bei am Termin geborenen Kindern.
Darstellung identisch wie in Abb. 18a.
Daten kompiliert (eigene Messungen, G 4, P 7, BERG, JOHANSON u. a.)

liche Darlehen an IgG wird nach der Geburt aufgebraucht (t/2 = 10–20 Tage) (Abb. 18).

Unmittelbar nach der Geburt wird das Neugeborene zahlreichen Antigenstimuli in seiner Umgebung ausgesetzt. Die schlummernde Fähigkeit zur Immunglobulinsynthese wird sogleich realisiert, es dauert aber eine beträchtliche Zeit, bis die Synthese dem Verbrauch angepaßt ist. Dementsprechend beobachtet man zunächst einen raschen Abfall der IgG-Konzentration, der sich bis zum 3. Lebensmonat verlangsamt und dann von einem allmählichen Wiederanstieg gefolgt ist. Viel schneller als das IgG steigt allerdings das IgM an, das schon nach wenigen Wochen den normalen Erwachsenenwert erreicht oder sogar überschreitet. Sehr viel langsamer nimmt die IgA-Konzentration zu, die erst im Schulalter Erwachsenen-Werte erreicht (Abb. 18). Über Normalwerte des IgE liegen nur wenige Angaben vor, wobei Werte um die 90. Perzentile bereits auf Allergie verdächtig sind.

Der Rückstand der Frühgeborenen wirkt sich auch im postnatalen Leben aus: Sie werden mit geringeren IgG-Vorräten geboren (Abb. 17) und können die eigene Synthese meist nur verzögert aktivieren. Das IgG sinkt deswegen bei „gesunden" Frühgeborenen häufig in bedrohlich tiefe Bereiche ab (Abb. 18). Wegen der großen Schwankungsbreite und der asymmetrischen Verteilung dieser „normalen" Werte ist die Berechnung von Mittelwerten und Standardabweichungen irreführend, die Angabe von Perzentilen oder Vertrauensgrenzen dagegen besser [P 7]. Diese Grenzen der Normwerte sind bei der Beurteilung von Labor-Befunden zu berücksichtigen.

Der Ausgangswert des IgG beim Neugeborenen ist ausschließlich vom Wert seiner Mutter bestimmt: In Afrika liegen die Werte für IgG von Mutter-Kind-Paaren bedeutend höher als in Europa. Umgekehrt besitzen die selten beobachteten Kinder a-γ-globulinämischer Mütter bei der Geburt kein γ-Globulin [H 7].

Das Antikörperspektrum des Neugeborenen entspricht demjenigen seiner Mutter. Die Übertragung von Autoantikörpern (z. B. LE-Faktor, Antikörper gegen Muskulatur bei Myasthenia gravis etc.) kann beim Neugeborenen vorübergehend Krankheitssymptome, aber nie die betreffende Krankheit auslösen. Dagegen sind Isoantikörper gegen Antigene des Kindes, die der Mutter fehlen (z. B. Rh-Antigene der Erythrozyten) oft pathogen für den Fetus (Morbus haemolyticus neonatorum).

1.3.2. Entwicklung der übrigen Plasmaproteine

Zahlreiche Untersuchungen bei Kindern haben ein möglichst breites Protein-Spektrum berücksichtigt [G 2, G 4, H 7]. Beim Neugeborenen sind folgende Abweichungen gegenüber den Befunden des Erwachsenen hervorzuheben: Präalbumin auf etwa $1/3$ vermindert, Albumin mäßig vermindert, α_1-Antitrypsin leicht vermindert, α_1-Lipoprotein vermindert, Orosomucoid auf $1/3$ vermindert, Coeruloplasmin auf ca. $1/3$ vermindert, Transferrin vermindert, Haptoglobin stark vermindert oder fehlend, Hämopexin auf $1/5$ vermindert, C 3 auf ca. $1/3$ vermindert, Plaminogen auf $1/2$ vermindert, α_2-Makroglobulin erhöht. Die meisten abweichenden Fraktionen nähern sich in den ersten Lebenswochen bis Monaten den normalen Erwachsenenwerten an. Transferrin vermindert sich bis zum 3. Monat noch weiter und steigt dann auf oft mäßig erhöhte Werte an, aber nirgends findet man so ausgesprochene und charakteristische Veränderungen wie bei den Immunglobulinen.

1.4. Plasmaproteine im Senium

Mit steigendem Lebensalter nimmt die Wahrscheinlichkeit zu, daß bei der Untersuchung vermeintlich Gesunder unbemerkt Kranke mit eingeschlossen werden; die aus solchen Untersuchungen resultierende „normale Streubreite" wird dadurch unzulässig verbreitert. Umgekehrt können bei alten Patienten zwei gegenläufige pathologische Veränderungen sich kompensieren; man muß deswegen in einzelnen Fällen weiter suchen, auch wenn grobe Abweichungen von der Norm fehlen, falls klinischer Verdacht auf Erkrankung besteht (vgl. S. 129).
Im höheren und hohen Alter werden folgende Veränderungen beobachtet (Tabelle 11): Gesamt-Protein oft wenig bis mäßig vermindert, meist infolge von Albumin-Verminderung. Bei den Immunglobulinen bestehen trotz Tendenz zur Erhöhung Anzeichen für eine eingeschränkte Fähigkeit zur Bildung spezifischer Antikörper. Über zunehmende Frequenz monoklonaler Immunglobuline s. S. 119. Die übrigen Plasmaproteine sind nicht einheitlich verändert.

Tabelle 11. Plasmaproteine im Senium

Protein g/l	15–60 Jahre	61–97 Jahre
Gesamtprotein	77 ± 13	80 ± 18
Albumin	46,6	38,3
Orosomucoid	0,81	1,51
α_1-Antitrypsin	2,5	2,8
α_1-Lipoprotein	3,3	3,2
α_2-Makroglobulin	1,9	2,1
Transferrin	2,6	3,2
IgG	11,6 ± 0,7	16,2 ± 1,0
IgM	1,4 ± 0,1	1,1 ± 0,1
IgA	2,0 ± 0,2	4,3 ± 0,4
C 3	1,3 ± 0,5	1,4 ± 0,5

(Vereinfacht nach Daten von HAFERKAMP et al.: Gerontologia *12*, 30 (1966); und FINGER et al: Dtsch. med. Wschr. *98*, 2455 (1973)

1.5. Genetisch fixierte Proteinpolymorphismen = Isoproteine

Mit der Stärke-Gel-Elektrophorese nach SMITHIES wurden zuerst beim Haptoglobin Isoproteine entdeckt, d. h. Moleküle mit gleicher Funktion, aber unterschiedlicher Größe oder Gestalt. Zahlreiche weitere Methoden haben bei vielen anderen spezifischen Proteinen, vor allem bei Enzymen, solche Gruppen erkennen lassen (Isoenzyme). Die Vererbung dieser Proteingruppen wurde ausführlich studiert und spielt heute bei der Klärung strittiger Abstammungsfragen eine bedeutende praktische Rolle. Das Gebiet interessiert neben Proteinchemikern vor allem Genetiker und Gerichtsmediziner [G 6]. Hier müssen wir uns auf eine Aufzählung der wichtigsten Polymorphismen bei Plasmaproteinen beschränken:
– *Haptoglobin:* 3 häufige Phänotypen (1–1, 1–2, 2–2), mindestens 9 seltenere und eine große Anzahl sehr seltener Phänotypen [B 5, G 7].
– *Gc-System* (= group-specific component nach HIRSCHFELD): 3 häufige und mindestens 6 seltene Varianten [B 5].
– *Transferrin-System* (Tf): Mindestens 22 Varianten verschiedener elektrophoretischer Mobilität [W 6].

— *Albumin:* Mindestens 27 verschiedene monomere Varianten sowie 3 dimere Arten [B 5].

— *Komplementsystem:* Beim C 3 sind 18 Varianten beschrieben, beim C 4 sind es mindestens 3 und beim C 6 kennt man 8 Isoproteine [H 2, R 11].

— *Orosomucoid* (saures α_1-Glykoprotein): Die Struktur dieses Proteins ist bis zur Aminosäurensequenz aufgeklärt, die Homologie mit der L-Kette der Immunglobuline aufweist. — Bis jetzt sind 21 Aminosäuren-Substitutionen nachgewiesen [A 6, B 5].

— *Cholinesterase:* Die sehr zahlreichen Varianten spalten u. a. Succinyldicholin verschieden schnell [A 8, K 1].

— *Adenosindeaminase-System:* 5 Isoenzyme (W 7).

— α_1-*Antitrypsin:* Pi-System (Proteinase – Inhibitor) mit $>$ 20 Isoproteinen.

2. Pathologische Befunde

Das klinische Beobachtungsgut wird in zwei große Gruppen eingeteilt: *„primäre Störungen"* sind direkt auf Anomalien der Protein-Synthese zurückzuführen; *„sekundäre Störungen"* des Proteinogramms sind reaktive Veränderungen auf andersartige Grundkrankheiten.

Forschungen der letzten Jahre brachten wesentliche Einblicke in die Steuerung und Regulierung der Proteinsynthese auf molekularer Basis: Die Aminosäurensequenz ist im genetischen Code fixiert, das Ausmaß der Synthese wird teils durch genetische, teils durch metabolische Faktoren kontrolliert (Abb. 19). Im Denken der Kliniker wird das Zusammenwirken von genetischer Anlage einerseits und ihrer metabolischen Realisation andererseits wohl oft noch zu wenig berücksichtigt (Tabelle 12).

Innerhalb der *primären Störungen* kann eine Gruppe von Krankheiten klar abgegrenzt werden, bei denen die Synthese eines einzigen Proteins unmöglich ist. Sie wurden als „Defektpathoproteinämien" bezeichnet (Tabelle 6). Das betreffende Strukturgen ist inaktiv, entweder weil es fehlt, oder weil es nicht durch das Operator-Gen aktiviert wird. Das Operator-Gen seinerseits kann wieder fehlen oder durch Repressoren gehemmt sein. Die Unterscheidung scheint vor-

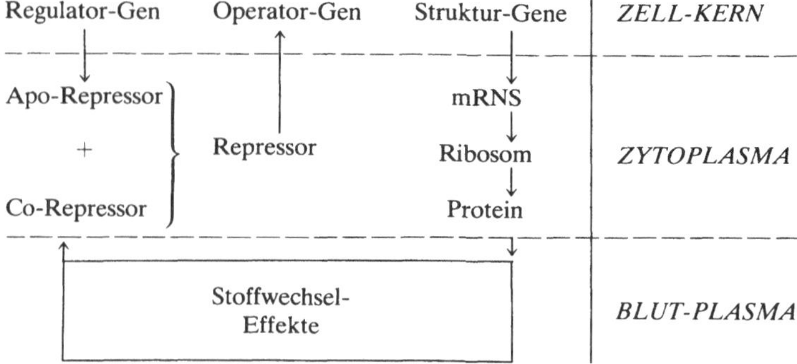

Abb. 19. Kontrolle der Proteinsynthese durch genetische Faktoren und durch metabolische Rückkoppelung

Tabelle 12. Protein-Mangel-Krankheiten. Mögliche Pathogenese gegetischer Defekte

1. Zellbedingt: Syntheseorgan fehlt
2. Genbedingt: auf Niveau von
   2.1. Regulator-Gen: Mutation
   2.2. Operator Gen
      – Deletion
      – Inaktivität
   2.3. Struktur-Gen
      – Deletion
      – Mutation ($\rightarrow$ abartiges Protein)
3. Ribosomenbedingt
   – Ablesung der Boten-RNS gestört
   – Abgabe des Proteins blockiert
4. Rückkopplung gestört

läufig nur von theoretischem Interesse zu sein, könnte aber in absehbarer Zeit therapeutische Konsequenzen haben.

Die *Synthese anomaler Proteine* ist bei den Hämoglobinopathien exemplarisch studiert worden und hat dort große praktische Bedeutung erlangt; bei den Plasmaproteinen liegen erst wenige Untersuchungen vor: Selten sind Anomalien der Aminosäurensequenz nachgewiesen worden, welche Mutationen des Struktur-Gens beweisen. Weil diesen Raritäten unter den Plasmaproteinen heute erst

geringes Interesse zukommt, werden sie unter den Proteinmangelkrankheiten subsumiert; in nächster Zukunft werden sie möglicherweise ein eigenes Kapitel beanspruchen.

Der Gruppe der Defektpathoproteinämien sind die weniger klar abgegrenzten primären *Störungen des Gleichgewichts zwischen Protein-Synthese und -Katabolismus* gegenüberzustellen, für die es bei
den Immunglobulinen und bei den Lipoproteinen gut untersuchte
Beispiele gibt.

Die *sekundären Störungen* oder reaktiven Veränderungen werden
traditionsgemäß nach Reaktionsarten gruppiert, während die zugrundeliegende primäre Ätiologie uneinheitlich und vielfältig ist.
Deswegen besteht die Gefahr, über der kasuistischen Beschreibung
die großen Linien zu verlieren, — umso mehr als reaktive Veränderungen weitaus die größten Patientenzahlen betreffen.

2.1. Primäre Störungen = Protein-Synthese-Anomalien

2.1.1. Defekt-Pathoproteinämien

Definitionsgemäß ist bei diesen Leiden die Synthese eines einzigen
Plasmaproteins völlig oder weitgehend unterdrückt.

2.1.1.1. Analbuminämie

Erstaunlicherweise ist vollständiges Fehlen des Albumins, d. h. der
quantitativ weitaus größten Serumprotein-Fraktion, mit einem fast
normalen Leben vereinbar. Diese Feststellung konnte — ironischer-
weise — von BENNHOLD gemacht werden, der immer die große Bedeutung des Albumins für den Stofftransport betont hatte [B 7].
Das sorgfältige Studium der zuerst entdeckten Familie durch BENN-
HOLD und seine Mitarbeiter [B 8] hat alle auftauchenden Fragen
weitgehend geklärt; die später beschriebenen Fälle (insgesamt 13)
haben, mit einer Ausnahme [C 3], keine wesentlich neuen Gesichtspunkte gebracht [C 8].

Klinik: Die Träger der Anomalie sind körperlich normal leistungs-
fähig und haben lediglich eine geringe Neigung zur Bildung präti-
bialer Ödeme. Familiäres Auftreten wurde zweimal gefunden, im
übrigen war die Albuminkonzentration bei zahlreichen Verwandten

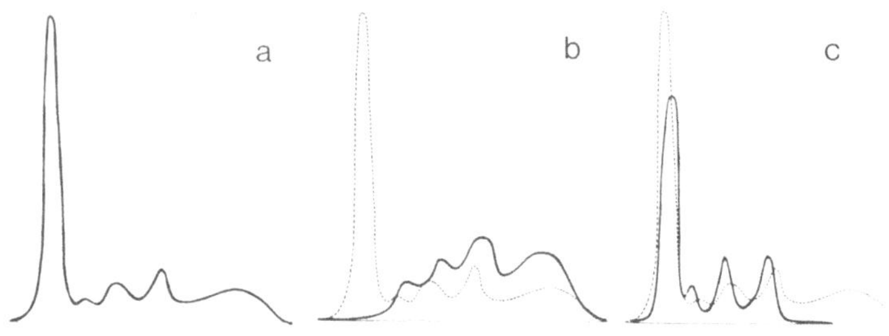

Abb. 20. Elektropherogramme von Defekt-Pathoproteinämien

g/l	Ges.-Prot.	Albumin	α_1	α_2	β	γ-Glob.
a) normales Serum	71	42	3	6	9	11
b) Analbuminämie	50	< 0,1	5	16	19	10
c) A-γ-Globulinämie	52	26	5	9	11	< 0,1

normal. Zwei Geschwister der zuerst beschriebenen Patienten starben im 1. Lebensjahr aus unbekannter Ursache. Als genetischer Fehler wird Inaktivität eines Albuminstruktur-Gens angenommen. Die Stammbäume lassen darauf schließen, daß die betroffenen Patienten für dieses Gen homozygot sind; die heterozygoten Genträger können jedoch nicht erfaßt werden. In drei Familien waren die Eltern konsanguin.

Laboratoriums-Befunde: Senkungsreaktion immer stark erhöht (40/60 bis 95/105). Gesamtprotein mäßig vermindert (45–55 g/l). In der Papierelektrophorese völlige Abwesenheit des Albumingradienten (Abb. 20), nur mit empfindlichen immunochemischen Methoden findet man sehr geringe Albuminmengen (einige Milligramm pro Liter, d. h. Verminderung auf $<^1/_{1000}$ der Norm). Die Globuline sind relativ vermehrt (α_1 9%, α_2 33%, β 38%, γ 20%), absolut jedoch etwa im Normbereich. Bei mehreren Patienten wurde eine Hypokalzämie um 80 mg/l gefunden.

Nierenfunktion: keine Proteinurie; infolge ausgesprochener Verminderung des hydrostatischen Druckes in den Glomerulumkapillaren liegt die glomeruläre Filtration im untersten Normbereich. Die nötige arterielle Druck-Reduktion erfolgt präkapillar durch Vasokonstriktion der afferenten Arteriolen, so daß die gesamte Nierendurchblutung vermindert wird. Auch die tubuläre Rückresorption von extrazellulären Elektrolyten und Wasser ist vermindert. Wenn der kolloidosmotische Druck durch eine Albumininfusion plötzlich normalisiert wird (Anstieg von 11 auf 20 mm Hg), steigt auch die Nierendurchblutung auf Normalwerte an. Fast gleichzeitig damit wird die isotonische Ausdehnung des extravaskulären Raumes durch eine rasch einsetzende Diurese ausgeglichen, bei der Natrium und Chlorid mitausgeschwemmt werden; nach kurzer Latenzzeit sinkt die vorher normale Aldosteronausscheidung ab. Im Gegensatz zum kolloidosmotischen Druck wird jedoch die Ionenstärke durch die Serumkolloide kaum beeinflußt.

Der Fett-Transport ist ebenfalls stark verändert: Die nach Einwirken von Lipoproteinlipase freiwerdenden Fettsäuren werden normalerweise vom Albumin übernommen; wenn es fehlt, fixieren sie sich vorübergehend an kleinmolekulare Globuline im α_1- und α_2-Bereich. Der Choleseringehalt des Serums ist ohne sichtbare Trübung erhöht (4,8–6,1 g/l). Außer Albuminverminderung und Cholesterinvermehrung besteht keine Analogie zur Lipoidnephrose, und der Klärmechanismus für lipämisches Serum ist normal.

Ein einziger Fall von anscheinend typischer Analbuminämie [C 3] läßt eine andere Deutung der Befunde zu: Nachdem das Serum der 57jährigen Patientin durch Gel filtriert, konzentriert, dialysiert, lyophilisiert und wieder aufgelöst worden war, konnte mit immunologischer Methode eine beträchtliche Menge Albumin nachgewiesen werden. Die Autoren postulieren, daß im nativen Serum durch Komplexbildung anderer Proteine mit Albumin dessen elektrophoretische Beweglichkeit und Oberflächenantigene so stark verändert seien, daß es mit keiner der üblichen Methoden nachgewiesen werden könne; sie sprechen deswegen von „Albuminmaskierung“. Entsprechende Untersuchungen bei den andern Patienten fehlen.

Untersuchungsgang: Die Routine-Untersuchungen (Tabelle 6) führen bereits zur Diagnose, da die Senkungsreaktion überraschend hoch ist und in der Elektrophorese die gesamte Albuminzacke fehlt. Zur Bestätigung muß die Albuminkonzentration auch noch immunologisch bestimmt werden.

Doppelalbuminämie. Ein zweigipfliger Albumingradient wurde erstmals von SCHEURLEN 1957 beobachtet. KNEDEL u. a. zeigten die dominante Vererbung der Anomalie auf [B 5]. Partielle Polypeptidanalyse machte eine Anomalie im Aminosäurenmuster einer pathologisch langsam wandernden Albumin-Fraktion wahrscheinlich. — Unterdessen sind in Europa in zahlreichen Familien etwa ein Dutzend zusätzliche Albuminanomalien verschiedener Mobilität beschrieben worden. Bei andern Völkern, vor allem Indianern, wurden zahlreiche weitere Anomalien gefunden. Einige Individuen erwiesen sich als homozygote Träger des anomalen Albumins [B 5]. Funktionelle Unterschiede sind nicht bekannt.

2.1.1.2. Kongenitale Defekte des Präalbumins (PA)

Familiärer Mangel des thyroxinbindenden Globulins Präalbumin wurde mehrfach beobachtet. Thyroxin ist als freies Hormon stoffwechselwirksam, im Serum beträgt der freie Anteil jedoch nur 0,02% der Gesamtmenge. Bei Verminderung oder Mangel des thyroxinbindenden Präalbumins kann sich diese Relation jedoch erheblich verschieben. An diese Möglichkeit muß gedacht werden, wenn bei einem euthyreoten Individuum eine Verminderung des Thyroxins gefunden wird.

Bisher sind 32 größere Sippen mit Anomalien des thyroxinbindenden Globulins beschrieben worden [B 13]. Sie können in 2 Gruppen mit hochgradigem und mit partiellem Mangel eingeordnet werden. Von REFETOFF [R 3] wurde mit immunologischen Methoden eine Verminderung des PA-Proteins selbst nachgewiesen, so daß in diesem Fall die Synthese eines abwegigen Proteins ausgeschlossen ist. Der Vererbungstyp ist x-chromosomal rezessiv.

Umgekehrt sind auch Familien mit Erhöhung des thyroxinbindenden Globulins beschrieben worden. Bei ihnen besteht das entgegengesetzte Paradox eines euthyreoten Zustandes bei stark erhöhten Thyroxinwerten. — Die aufwendige und wenig präzise endokrinologische Untersuchung sollte deswegen durch die einfache und exakte immunologische Bestimmung des Präalbumin-Proteins ersetzt oder ergänzt werden.

Untersuchungsgang: Die Routine-Untersuchungen (Tabelle 6) sagen nichts aus und erwecken keinen Verdacht auf eine Anomalie des Prä-Albumins. Die Suche mit spezifischer immunologischer Methodik muß gezielt erfolgen, wobei die Indikation gewöhnlich durch endokrinologische Befunde (Verdacht auf Hypo- oder Hyperthyreose) gegeben wird.

2.1.1.3. Ahaptoglobinämie

Der Haptoglobin-Polymorphismus wurde auf S. 84 erwähnt. Beziehungen zu bestimmten Krankheiten sind nicht bekannt.

Kongenitales Fehlen von Hp (Ahaptoglobinämie) ist nicht selten; die Unterscheidung dieser primären Synthesestörung vom sekundären Verschwinden des Haptoglobins als Folge erhöhten Verbrauchs bei Hämolyse ist oft nicht einfach. Beim Fetus fehlt Hp fast völlig, beim Neugeborenen beträgt seine Konzentration etwa 10% der Norm des Erwachsenen. Klinische Störungen infolge des Haptoglobinmangels sind nicht bekannt.

Untersuchungsgang: Die Anomalie wird nur durch spezifische Bestimmung des Hp entdeckt, die aus verschiedenen Gründen erfolgt (genetische Untersuchung, Abklärung bezüglich Hämolyse oder Reaktion der akuten Phase); in diesen Situationen ist es wichtig, daß der Arzt von der Existenz der Ahaptoglobinämie weiß. Da die Anomalie ohne klinische Bedeutung ist, muß sie nicht gesucht werden.

2.1.1.4. Transcobalamin II-Mangel [H 10]

Das in sehr geringen Mengen vorkommende Vitamin-B_{12} transportierende Globulin ist offensichtlich lebenswichtig: In zwei Familien erkrankten befallene Kinder in den ersten Lebenswochen an einer rasch progredienten aplastischen Anämie mit hyperchromen makrozytären Erythrozyten, Neutropenie bis Agranulozytose und Thrombozytopenie, sowie mit Diarrhoe und Malabsorption bei Atrophie der Mucosa. Bei einem Patienten konnte ferner eine vollständige Agammaglobulinämie festgestellt werden. Die unbehandelten Kinder starben im Alter von 2–5 Monaten. − Nach Injektion von 1 mg Vitamin B_{12} einmal pro Tag bis einmal pro Woche normalisierten sich alle Befunde. Drei Patienten überleben mit ständiger Substitutionstherapie, entwickeln sich normal und sind hämatologisch, gastroenterologisch und immunologisch normal.

Die Vererbung ist autosomal-rezessiv, bei den konsanguinen Eltern eines Patienten wurde die TC II-Konzentration auf etwa die Hälfte der Norm vermindert gefunden.

Untersuchungsgang: Die Diagnose kann nur mit ungewöhnlichen und aufwendigen Methoden gestellt werden; typisch ist ein normaler Vitamin B_{12}-Spiegel bei völliger Sättigung der B_{12}-Bindungs-Kapazität.

2.1.1.5. Kongenitaler Transferrin-Mangel

Kongenitaler Defekt des eisentransportierenden β_1-Globulins Transferrin führt bei extrem niedrigem Serum-Eisen zu schwerer Eisenmangel-Anämie mit gleichzeitiger ausgedehnter Hämosiderose (H 5, H 7), die im frühen Kindesalter zum Tode führen. Die vermutete Transferrin-Synthese-Störung ist nicht sicher bewiesen, da Autoantikörperbildung gegen Transferrin nicht ausgeschlossen ist.

2.1.1.6. Immunglobulinmangel — A-γ-Globulinämie und Antikörpermangel-Syndrome [S 20].

Die 1952 zuerst beschriebene A-γ-Globulinämie war die erste richtig erkannte Defektpathoproteinämie. Eine kausale Beziehung zwischen dem Fehlen einer ganzen Proteinfraktion und der Unfähigkeit zur Bildung spezifischer Antikörper wurde zunächst vermutet und bald darauf bewiesen. Funktionelle und immunologische, biochemische und morphologische Untersuchungen bei diesen Patienten trugen Wesentliches zur Entwicklung der klinischen Immunologie bei und gaben auch der Grundlagenforschung bedeutende Impulse. — Bald darauf fand man Patienten, die trotz normaler γ-Globulin-Konzentration nicht zur Antikörperbildung fähig waren (s. S. 170); der deshalb vorgeschlagene Begriff des Antikörpermangel-Syndroms [B 2] hat sich vielfach bewährt und ist heute in der Klinik fest eingebürgert. — Schließlich wurde offensichtlich, daß mit der Messung humoraler Reaktionen (Antikörperbildung) lediglich eine Facette der immunologischen Reaktionen erfaßt wird; bei Einbeziehung angeborener Störungen der zellulären Immunmechanismen wird der Oberbegriff der „Immunmangel-Syndrome" notwendig. Ihre Systematik basiert, nach einem Vorschlag der Weltgesundheitsorganisation (Tabelle 13), auf der Differenzierung der lymphoiden Zellen in T- und B-Lymphozyten [C 7]. Die intensive Erforschung dieser zwar seltenen Erkrankungen hat in den letzten 2 Jahrzehnten einen so unverhältnismäßig großen Zuwachs an grundsätzlich wichtigem Wissen gebracht, daß ihre Erwähnung auch in diesem kurzen Kompendium unumgänglich ist. Dabei kann die Beschränkung auf die Plasmaproteine nicht immer strikte beachtet werden (ausführliche Übersichten s. [S 20]). Vereinfacht kann gesagt werden, daß B-Zellen durch Sekretion von Antikörpern die humoralen Immunreaktionen vermitteln, T-Zellen dagegen zelluläre Reaktionen.

Tabelle 13. Klassifizierung der primären Immunmangel-Syndrome [C 7]

	angenommener zellulärer Defizit		Vererbung		nicht erblich
	B-Lymphozyten	T-Lymphozyten	x-chromo-somal	autosomal rezessiv	
a) A-γ-Globulinämie der Knaben	x		x		
b) Thymus-Hypoplasie		x			x
c) Kombiniertes Immunmangel-Syndrom	x	x	x	x	x
– mit Dysostose	x	x		x	
– mit ADA-Mangel	x	x		x	
– mit Hypoplasie der Hämopoese	x	x		x	
d) Selektive Ig-Störungen					
– IgA-Mangel	x	x?		(x)	x
– anderes Ig	x			?	
– Hyper-IgM	x		x		
e) IMS mit Ataxia teleangiectatica	x	x		x	
f) IMS mit Thrombopenie und Ekzem		x	x		
g) IMS mit Thymom	x	x			x
h) Normo- oder Hyper-γ-Globulin-AMS	x	(x)			x
i) Transitorisches AMS der Säuglinge	x				x
k) Variable IMS (häufig, aber noch nicht klassifizierbar)	x				x

Primäre Immunmangel-Syndrome (IMS). Das generelle Leitsymptom dieser seltenen angeborenen Störungen sind rezidivierende polytope und invasive Infekte (s. S. 169). In der Regel ist schon in der Elektrophorese eine Anomalie des γ-Globulins zu erkennen, die durch spezifische Einzelbestimmungen bestätigt werden muß. Zusätzliche Techniken, die diagnostisch notwendig sind, werden in den Tabellen 14–18 erwähnt.

A-γ-Globulinämie der Knaben (infantile geschlechtsgebundene Form) (Tabelle 14): Das Leitsymptom sind polytope rezidivierende Infekte, die meistens erst nach dem durch die mütterliche Leihimmunität geschützten ersten Lebensjahr beginnen. Die Infekterreger sind vor allem extrazellulär wachsende, Toxine und Kapseln bildende Bakterien (Pneumokokken, Meningokokken, Haemophilus influenzae und Pseudomonas aeruginosa). – Bei den Proteinbefunden steht das Fehlen der γ-Globulin-Fraktion ganz im Vordergrund; spezifische Einzeluntersuchungen bestätigen die extreme Verminderung aller 5 Immunglobulinfraktionen. Auch nach intensiver Antigenstimulation werden keine Antikörper gebildet. Als besonders empfindlich gilt die fehlende Reaktion auf den Bakteriophagen Φ 172. – Demgegenüber sind zelluläre Immunreaktionen weitgehend erhalten, die Abstoßung eines Transplantates erfolgt normal oder nur leicht verzögert. Die Histologie der lymphatischen Gewebe zeigt das typische Fehlen von Plasmazellen und Keimzentren [H 7].

Tabelle 14. Kongenitale A-γ-Globulinämie der Knaben

= Humorales Immunmangel-Syndrom
= Infantile geschlechtsgebundene A-γ-Globulinämie
= Bruton-Syndrom

Polytope schwere Infektionen mit extrazellulären Pathogenen
Fehlen aller Immunglobuline ($< 1\%$ der Norm)
Unfähigkeit zur Bildung spezifischer Antikörper (AMS)
Histologie: Atrophie des lymphatischen Gewebes
            Keine Keimzentren
            Keine Plasmazellen

Vererbung: Geschlechtsgebunden rezessiv
           Konduktorinnen nicht identifizierbar
Therapie: Remission nach γ-Globulin-Injektionen

Der Erbgang ist x-chromosomal rezessiv. Die Konduktorinnen können zur Zeit noch nicht identifiziert werden.

Die Prognose war früher sehr schlecht, die meisten Knaben starben in den ersten Lebensjahren, wie aus eindrücklichen Stammbäumen hervorgeht. Mit der heutigen Kombination von antiinfektiöser Medikation mit adäquater γ-Globulin-Ersatztherapie können die Infekte beherrscht oder sogar weitgehend unterdrückt werden. Bei den heute im 2. und 3. Jahrzehnt stehenden Patienten manifestiert sich aber mit großer Häufigkeit (über $^{1}/_{3}$) eine rheumatoide Arthritis, deren Genese nur auf zellulären Autoimmunmechanismen beruhen kann.

Thymushypoplasie (Tabelle 15): Embryologisch ist diese Störung auf eine Hemmungsmißbildung der 3. und 4. Schlundtasche zurückzuführen, die gewöhnlich zu einer kombinierten Aplasie von Thymus und Parathyreoidea führt. — Während die totale Aplasie offenbar sehr selten ist, kommen partielle Mißbildungen relativ häufig vor. Das nicht vererbte Leiden stellt ein Modellbeispiel des reinen T-Zellmangels dar. Klinisch wird in den ersten Lebenstagen der Hypoparathyreoidismus mit tetanischen Zeichen manifest, an denen die Kinder früher starben. Erst seitdem sie diese gefährliche Frühphase dank adäquater Behandlung überstehen, erreichen sie das Alter von mehreren Monaten, in dem sich allmählich eine erhöhte In-

Tabelle 15. Aplasie von Thymus und Parathyreoidea (Di George-Syndrom)

Multiple Mißbildungen:	Hypo- oder Aplasie der Mandibula, des Aortenbogens, der Nebenschilddrüsen und des Thymus
Früh-Symptom:	Tetanie
Spät-Symptom:	Infektanfälligkeit

Lymphozytenzahl normal
Lymphozytenfunktion gestört
Immunglobulin-Spiegel normal
Antikörperbildung gestört (wechselnd)

Immunologische Rekonstitution mit fetalem Thymus
Keine Erbkrankheit

fekt-Anfälligkeit bemerkbar macht. Dabei stehen bronchopulmonale Symptome und septische Invasionen im Vordergrund.

Die zellulären Immunmechanismen liegen schwer darnieder, aber auch die humorale Antikörperbildung ist gestört (fehlende Kooperation zwischen T- und B-Zellsystem).

Die Prognose ist hauptsächlich durch die assoziierten Mißbildungen, insbesondere des Herzens und des Aortenbogens bestimmt. Wenn diese das Überleben zulassen, erliegen die Patienten mit dem kompletten Syndrom in den ersten Lebensmonaten einem Infekt. Immunologische Heilung war durch Transplantation von fetalem Thymusgewebe möglich, die behandelten Patienten blieben aber in der körperlichen und geistigen Entwicklung zurück, woraus sich ethische Bedenken gegen diese Therapie ergeben.

Kombinierter Immunmangel (Tabelle 16). Diese schwerste Form der angeborenen Immunmangelkrankheiten ist zugleich die häufigste und die wichtigste. Da sowohl T- als auch B-Zellen betroffen sind, nimmt man eine Differenzierungs-Hemmung der lymphoiden Stammzelle an. Die vollständige A-γ-Globulinämie ist mit starker

Tabelle 16. Kombiniertes Immun-Mangel-Syndrom

= Thymic alymphoplasia
= Schweizer Form der A-γ-Globulinämie

Polytope schwere Infekte von frühester Kindheit an
Malnutrition, Soor-Befall
Pneumopathie
Morbilliforme Exantheme
Letaler Ausgang im 1. Lebensjahr

Lymphozyten-Zahl vermindert (selten normal)
Lymphozyten-Funktion gestört
Thymus klein oder fehlend, nicht deszendiert
Immunglobuline vermindert (selten normal)
Antikörperbildung gestört

Vererbung: Autosomal rezessiv (ADA-Mangel)
        Geschlechtsgebunden rezessiv
        Sporadisch = nicht vererbt
Therapie: Heilung durch Transplantation von Knochenmark

Verminderung und schwerer Funktionsstörung der Lymphozyten („Alymphozytose") kombiniert. Die Bildung spezifischer Antikörper ist unmöglich. Der klinische Verlauf ist ohne Behandlung immer schon im ersten Lebensjahr fatal.

Auch histologisch sind alle lymphatischen Organe hochgradig hypoplastisch und fast nur aus Retikulumzellen aufgebaut, insbesondere der Thymus (der sogar ganz fehlen kann) und das lymphatische Gewebe von Darm, Lymphknoten und Milz. Die schweren, häufigen Infekte sind polytop und werden sowohl durch obligat pathogene, als auch durch saprophytäre Bakterien, wie auch durch Pilze, Protozoen und Viren erzeugt.

Durch Transplantation von kompatiblem Knochenmark konnten mindestens 25 Patienten geheilt werden, die etwa $^2/_3$ der Behandelten darstellen. Ethische Bedenken gegen diese Therapie bestehen nicht, da die geheilten Kinder keinerlei Nachteile haben und weil die Entnahme des Knochenmarks den Spender nicht beeinträchtigt.

In verschiedenen Sippen wurde sowohl x-chromosomal rezessiver als auch autosomal rezessiver Erbgang festgestellt. Außerdem wurden sporadische, nicht-vererbte Fälle beobachtet, deren Ursache teils unklar blieb, teils als Folge einer intrauterinen Virusinfektion (Röteln) identifiziert werden konnte.

Ein neuartiger pathogenetischer Weg wurde bei einigen Patienten im Fehlen eines spezifischen Enzyms, der Adenosindeaminase (ADA) erkannt. Die daraus resultierende Behinderung im Stoffwechsel des Adenosins und des Inosins führt anscheinend zu einer Intoxikation des lymphatischen Gewebes oder zu einer Proliferations-Hemmung der Lymphozyten. Diese neuen Befunde bedeuten, daß nicht eine angeborene Störung der Stammzellen, sondern eine sekundäre, postnatal einsetzende Entwicklungsverzögerung oder Intoxikation des lymphatischen Gewebes vorliegt. Dieser Gesichtspunkt ist für die Therapie von Bedeutung: Mit relativ einfachen Maßnahmen, wie Infusion fetaler Leberzellen oder wiederholten Bluttransfusionen, war es in Einzelfällen möglich, den richtig angelegten Stammzellen genügend ADA zuzuführen. Einige Patienten wurden auf diese Art temporär gebessert oder vollkommen geheilt. Neuere Befunde deuten darauf hin, daß nicht ein Mangel der ADA, sondern ihre Inaktivierung durch einen Inhibitor vorliegen könnte.

Selektiver Immunglobulinmangel. (IgA-Mangel). Rockey und Mitarbeiter [R 8] beschrieben das völlige Fehlen von IgA in Serum und Sekreten von zwei gesunden jüngeren Männern. Die Konzentration von IgG und IgM war erhöht, was als kompensatorische Vermehrung gedeutet wurde. Bachmann [B 1] fand in 6995 Seren von Blutspendern das IgA fünfmal auf 3–10% und zehnmal auf weniger als 0,2% der Norm vermindert; für die letztere Veränderung schlug er die Bezeichnung „A-γ-A-Globulinämie" vor. In dem untersuchten Spenderkollektiv beträgt ihre Frequenz 1:700, und diese Zahl ist seither von vielen Autoren übernommen worden. Die sekretorischen Immunglobuline wurden bei diesen Individuen aber nicht untersucht.

In unserem eigenen Material fanden wir bei über 3000 quantitativen Immunglobulinbestimmungen von Kindern 16 mal auch mit empfindlichen Methoden kein IgA im Serum. Diese Zahlen sind nicht mit denen von Bachmann [B 1] zu vergleichen, da das Untersuchungsmaterial selektioniert war, d. h. hauptsächlich von Kindern mit Infekten oder Proteinveränderungen stammte, und da die Altersverteilung vollkommen anders war.

Crabbe und Mitarbeiter [C 11] beschrieben ein „Syndrom der IgA-defizienten Sprue". Da sie bei zwei klinisch gesunden Geschwistern eines Patienten ebenfalls einen IgA-Mangel fanden, nahmen sie an, daß die IgA-Veränderung kongenital sei und sich das sprueähnliche Krankheitsbild fakultativ überlagere. Familiäre Häufung ist jedoch ausgesprochen selten und außer in dieser Familie nur noch zweimal beobachtet worden. In diesen anscheinend hereditären Ausnahme-Fällen könnte die Deletion eines Strukturgens vorliegen. Dies kann bei den übrigen sporadischen Fällen aber nicht zutreffen, weil bei den meisten von ihnen membrangebundenes IgA als B-Zell-Charakteristikum vorhanden ist. Diese Individuen können also IgA synthetisieren, jedoch nicht sezernieren, weil die weitere Differenzierung der B-Zelle zur Plasmazelle blockiert ist. Die IgA-Synthese oder -Abgabe ist nach zytogenetischen Befunden wahrscheinlich auf dem Chromosom 18 lokalisiert, da Deletionen desselben häufig mit IgA-Mangel assoziiert sind.

Das IgA-Molekül wird erst in Körpersekreten wirksam. Defekte in der Sekretion können aus dem Fehlen der sekretorischen Komponente oder aus der Störung ihres Zusammenbaus mit IgA resultieren. Der ersten Möglichkeit dürfte die von CRABBE und Mitarbeiter [C 11] beschriebene IgA-defiziente Sprue entsprechen. Gestörte Synthese der sekretorischen Komponente wurde als kongenitale Krankheit bisher nicht beobachtet, ist aber ein wichtiger Faktor bei erworbenen Zerstörungen der Darmschleimhaut (s. S. 157).

Der klinische Zustand von Patienten mit IgA-Mangel zeigt einen breiten Fächer von völliger Gesundheit bis zu schwerer Infektanfälligkeit. Wahrscheinlich können andere Immunglobuline kompensatorisch einspringen, vor allem das IgM, das ebenfalls mit der sekretorischen Komponente gekoppelt und auf Schleimhautoberflächen ausgeschieden werden kann. Die schon vor langer Zeit beschriebenen Koproantikörper gehören vorwiegend zur Klasse IgA. Der lokalen Immunisierung kommt beim Schutz gegen enterale Infektionskrankheiten (Cholera, Salmonellosen, pathogene Coli), aber auch gegen viele Viruskrankheiten (vor allem Poliomyelitis) besondere Bedeutung zu. IgA-Antikörper sind nicht bakterizid, sondern sie immobilisieren Bakterien und berauben sie ihrer Haftfähigkeit; infolgedessen können diese den Wirt nicht mehr invasiv schädigen, aber im Stuhl werden sie unverändert infektiös und toxisch ausgeschieden (s. S. 198).

Selektiver Mangel anderer Immunglobuline: Kongenitaler Mangel des IgM wurde in etwa gleicher Häufigkeit beschrieben wie der IgA-Mangel. Diese Patienten sollen besonders an eitrigen Meningitiden erkranken. Wir konnten diese Befunde nicht bestätigen und vermuten, daß fehlerhafte Messungen dafür verantwortlich zu machen sind, was in Anbetracht der schwierigen Bestimmungstechnik des IgM verständlich ist.

Geschlechtsgebundene Immundefekte mit Hyper-IgM. Aus über 30 Einzelbeobachtungen ergibt sich ein einheitliches Krankheitsbild: Die männlichen Patienten leiden unter rezidivierenden Infekten mit starker Erhöhung des IgM (auf das 2- bis 8-fache der Norm) und häufig mit Verminderung des IgG. Der ungünstige klinische Verlauf dieser Infekte, denen alle Patienten erlegen sind, ist nur aus der Kombination mit chronischer oder periodischer Neutropenie zu verstehen. Ein Autoantikörper der Klasse IgM mit Spezifität gegen die eigenen Neutrophilen oder gegen das eigene IgG wurde postuliert, bisher aber nicht eindeutig nachgewiesen.

Tabelle 17. Ataxia teleangiectatica = Louis-Bar-Syndrom

Zerebelläre Ataxie:
     Beginn im Vorschul- bis Schulalter
     Progression bis zur Pubertät, dann stationär
Teleangiektasien an Haut (Ohren) und
     Schleimhaut (Conjunctiva)
Rezidivierende Infekte:
     IgA ↓ bei 80%; andere Ig-Veränderungen
     T-Lymphozyten-Defekt
     Thymus-Dysplasie
Vererbung autosomal rezessiv
Malignom-Frequenz stark erhöht

Immunmangel-Syndrom bei Ataxia teleangiectatica (Tabelle 17). Das charakteristische klinische Bild mit Teleangiektasien, progressiver Kleinhirnatrophie und Ataxie ist oft mit Infektanfälligkeit verbunden, vor allem mit sino-pulmonalem Syndrom. Da bei einigen verstorbenen Patienten schwere pathologische Thymusveränderungen gefunden wurden, sollte bei allen verdächtigen Fällen eine gründliche immunologische Abklärung erfolgen. Bei einer Anzahl von ihnen findet man Immunglobulinveränderungen, vor allem IgA-Verminderung oder -Mangel; außerdem weisen fast alle daraufhin untersuchten Patienten Störungen der zellulären Immunität auf. Die im Kindesalter progressive Verschlechterung kommt bei vielen Patienten um die Pubertätszeit zum Stillstand. Schon in diesem Alter weisen die Patienten Anzeichen vorzeitiger Alterung auf, die sich zum Syndrom der Progerie weiterentwickeln können.

Tabelle 18. Immunmangel mit Thrombozytopenie und Ekzem = Wiskott-Aldrich Syndrom

Thrombozytopenie, konstant
Ekzem
Rezidivierende Infekte:
     IgM ↓ bei 70%; andere Ig-Veränderungen
     Makrophagen-Insuffizienz?
Vererbung geschlechtsgebunden rezessiv

Immunmangel-Syndrom mit Thrombozytopenie und Ekzem (Tabelle 18). Die vererbte Trias Thrombozytopenie, Atopie (Ekzem, asthmoide Bronchitis etc.) und Immunmangel betrifft nur Knaben; die Konduktorinnen sind nicht mit Sicherheit zu identifizieren. Die immunologischen Befunde bei den Patienten sind sehr unterschiedlich, am häufigsten ist eine IgM-Verminderung, aber auch Vermehrung von Immunglobulinen kommt vor. Die zellulären Immunmechanismen sind normal. Eine heute angenommene Störung der Makrophagen ist nicht mit Sicherheit bewiesen.

Immunmangel-Syndrom mit Thymom. Bei Tumoren des Thymus wurden in höherem Lebensalter immunbiologische Ausfallserscheinungen beobachtet. Regelmäßige Immunglobulinveränderungen sind nicht beschrieben.

Normo- oder hyperimmunglobulinämisches Antikörpermangel-Syndrom. Patienten, die trotz normalen Immunglobulinspiegeln zur Antikörperbildung vollständig oder teilweise unfähig sind, werden im Kapitel der monoklonalen Immunglobuline besprochen (s. S. 122/3).

Transitorische Hypo-γ-Globulinämie der Säuglinge. Das Ausmaß der Ig-Verminderung, die in der Lücke zwischen Leihimmunität und eigener Reaktion des Kindes besteht, wird immer noch häufig unterschätzt (Besprechung s. S. 172/3).

Variable Immunmangel-Syndrome. Eine ganze Reihe von Relationsstörungen zwischen Immunglobulinen der einzelnen Klassen wurde unter dem Begriff „Dys-γ-Globulinämien" zusammengefaßt. Damit waren bestimmte Konstellationen gemeint, die systematisch numeriert werden sollten. Diese Einteilung hat sich nicht bewährt, und man hat den Begriff Dys-γ-Globulinämie deswegen fallen lassen. Vor allem hat sich gezeigt, daß beim gleichen Patienten eine Änderung des Typs eintreten kann; in der Nomenklatur hat sich außerdem durch Doppelspurigkeiten in der Numerierung der einzelnen Typen Verwirrung ergeben. Das gleiche gilt für zelluläre Immunstörungen; auch hier sind partielle Defekte verschiedenster Art, isoliert oder in Kombination mit humoralen Ausfällen, beobachtet worden.

Das mit der Nomenklaturbereinigung beauftragte Komitee der Weltgesundheitsorganisation [C 7] schlägt deswegen vor, alle derart unscharf definierten Fälle zusammenzufassen als „variable Immunmangelsyndrome", in der Hoffnung, daß aus dieser Sammelgruppe mit der Zeit scharf definierte einzelne Krankheiten isoliert werden können. Zweifellos überwiegen in der Praxis quantitativ diese unscharf definierten Fälle. Der Kliniker muß individuell entscheiden, welche Abklärungsuntersuchungen notwendig sind (s. S. 169 über rezidivierende Infekte).

Therapie mit Immunglobulinpräparaten [B 4, H 11]. Passive Zufuhr von Antikörpern verleiht dem Empfänger sofortigen Schutz gegen zahlreiche Infektionskrankheiten. Diese Möglichkeit wird bei immunologisch Normalen zur Prophylaxe, bei Patienten mit immunologischen Defekten zur Substitution genutzt (Tabelle 19 a). Die notwendigen Dosen bewegen sich zwischen wenigen µg/kg Körpergewicht (z. B. zur Prophylaxe der Rhesus-Iso-Immunisierung) bis 0,2 g/kg als Ersatz bei schwerem Antikörpermangel-Syndrom.
Die Blutspendezentren stellen verschiedenartige Konzentrate der Ig her (Tabelle 19 b), die gegenüber Normal-Plasma die Vorteile des geringeren Volumens, einfacherer Anwendung und langer Lagerungsmöglichkeit haben. Mit der Konzentrierung sind aber auch Nachteile verbunden, die trotz großer Forschungsanstrengungen noch nicht ganz überwunden werden konnten: Die meisten Konzentrate enthalten vor allem IgG, das isoliert und angereichert ausgesprochene Tendenz zur Bildung von Aggregaten hat, die bei intravenöser Verabreichung schwere Nebenreaktionen auslösen (Tabelle 19 c).
Eine für die Klinik interessante Entwicklung ist die Zubereitung von γ-Globulin-Konzentraten aus dem Plasma von Spendern, die in der Rekonvaleszenz nach einer Infektionskrankheit oder nach absichtlicher Hyperimmunisierung hohe Antikörper-Titer gegen ein spezifisches Antigen gebildet haben (Tabelle 19 b). Sie sind vor allem zur Neutralisation von Toxinen geeignet.

2.1.1.7. Mangel an Komplementfaktoren
Bei fast allen Komplementfaktoren wurden kongenitale Mangelzustände beobachtet [C 1, C 2, C 3, C 4, C 5, C 7]. Von klinischer

Tabelle 19. Immunglobulin-Präparate in der Therapie

a) Indikationen und Dosierung
   Ziel — *Dosis*

1. Prophylaxe: Schutz gegen
   1.1. Virus-Krankheiten — 1–10 mg/kg
   1.2. Toxine — 0,01–0,1 mg/kg
   1.3. Erythrozyten-Antigene — 0,001–0,01 mg/kg
2. Substitution bei AMS — 100–200 mg/kg

b) Präparate	enthält	Zufuhr	Halbwertzeit t/2
Plasma/Blut	IgG, IgM, IgA	i.v.	1–3 Wochen
Normal-γ-Globulin (16%)	IgG	i.m.	2–3 Wochen
Normal-γ-Globulin für i.v. Gabe (5–6%)	IgG	i.v.	$^{1}/_{2}$–2 Wochen
Spezielle „Multiklassen"-Präparate	IgG, IgM, IgA	i.m.	$^{1}/_{2}$–3 Wochen?

Spezielle Ig-Präparate Anti-X, z. B. gegen Tetanus, Vaccinia, Pertussis, Röteln, Parotitis, Tollwut, Rhesus D, Varicella, Hepatitis-B

c) Nebenwirkungen
   Klinik: Während oder sofort nach γ-Globulininjektion entstehen:
   – schockähnliche Zustände mit Zyanose und Hypotension
   – Atemstörungen: Husten, Dyspnoe, Asthma
   – Hautveränderungen: urtikarielle Exantheme
   Ätiologie: C-Aktivierung durch IgG-Aggregate mit Freisetzung von Kininen

Bedeutung sind lediglich die Mangelzustände von C 3 und C 5. Da die C 3-Bestimmung technisch einfach ist und in vielen Laboratorien routinemäßig durchgeführt wird, ist dieser Mangelzustand leicht zu erfassen. Nach dem C 5-Mangel muß gezielt gesucht werden. – Klinisch äußern sich beide Störungen in einer erhöhten Infektanfälligkeit. Sie ist auf unvollständige Phagozytierung von Bakterien zurückzuführen, die ihrerseits wieder durch mangelnde Opsonisierung infolge des Komplementmangels zurückgeht. Bei C 2-Mangel wurde eine chronische anaphylaktoide Purpura beobachtet, die möglicherweise mit einer persistierenden Mycoplasmainfektion zusammenhing.

2.1.1.8. Mangel an Inhibitoren der Komplementfaktoren: Quincke-Ödem

Klinisch wesentlich wichtiger als das Fehlen von Komplementfaktoren sind die durch Inaktivität von Inhibitoren bedingten Krankheiten: bei etwa $^1/_3$ der Patienten, die an Quincke-Ödem leiden, fehlt der Inaktivator der C 1-Esterase (in der englischen Literatur „hereditary angioneurotic edema" = HANE) [D 4]. Die dabei verursachten Läsionen am Endothel von Venolen sind morphologisch identisch mit den durch Histamin ausgelösten. Nach dem Anfall wurde eine erhöhte Ausscheidung von Histamin im Urin gefunden. Die Vorbehandlung mit Antihistaminika kann den Anfall bei Versuchstieren aber nicht verhindern.

Aufgrund der molekularen Störung können drei Typen unterschieden werden [O 1]:

– 1. Mangel an C 1-Inaktivator-Protein (ca. 75%).

– 2. Vorhandensein eines inaktiven, anscheinend mutierten Proteins mit normaler elektrophoretischer Beweglichkeit (ca. 20%).

– 3. Nachweis eines funktionell unwirksamen, dem Inaktivator ähnlichen Proteins, das an Albumin gebunden ist (ca. 5%).

Therapeutisch wurden Transfusionen von Frisch-Plasma empfohlen, von anderen Autoren aber mit der Begründung abgelehnt, daß dadurch die Symptome wegen der Zufuhr von neuem C 1-Substrat verstärkt und die Krankheit verlängert werde. Cyclische ε-Amino-Capronsäure (EACA) soll durch Inaktivierung der Kinine wirken. Aufsehenerregend ist ein neuer Bericht, wonach durch Behandlung mit Androgen-Derivaten die Synthese des C 1-Inhibitors aktiviert werden soll.

2.1.1.9. α_1-Antitrypsin-Mangel

Auf einen Zusammenhang zwischen Verminderung oder Fehlen dieser spezifischen Anti-Protease und chronischer Lungenerkrankung wiesen erstmals LAURELL und ERIKSON hin [E 3, L 3]. In diesem Zusammenhang wurde der komplizierte Polymorphismus des α_1-Antitrypsins entdeckt (Pi-System) (s. S. 85). Später wurde ein Zusammenhang mit Leberzirrhose gefunden [S 9].

Die heutigen Kenntnisse über die Auswirkungen des Mangels an α_{1AT} können folgendermaßen zusammengefaßt werden:

Hepatisches Syndrom. Bei homozygoten Trägern einiger Isoprotein-typen (vor allem ZZ) manifestieren sich Krankheitszeichen schon pränatal; sie betreffen vor allem die Leber. Bei Neugeborenen ent-steht das Bild eines Icterus prolongatus, häufig eines Verschlußikte-rus, so daß sich die Differentialdiagnose einer Gallengangsatresie oder einer Hepatitis stellt. Die Leber ist stark vergrößert und die Parenchymzellen sind vollgestopft mit einer gespeicherten Substanz, die sich in der Immunfluoreszenz als α_1-Antitrypsin erweist. Es han-delt sich also nicht um einen Ausfall (Fehlen oder Inaktivität) des Struktur-Gens, sondern um eine Sekretionsstörung auf dem Niveau der Ribosomen.

Die Differentialdiagnose im Rahmen des Icterus prolongatus des Neugeborenen ist deswegen wichtig, weil den Kindern mit α_{1AT}-Mangel eine Probelaparatomie erspart werden kann. Bei etwa 20% von ihnen entwickelt sich eine biliäre Zirrhose, die meistens in den ersten Lebensmonaten oder -jahren zum Tode führt. Bei den übri-gen 80% bildet sich der Ikterus langsam zurück, die Leber verklei-nert sich und nur bei einer Minderheit der Patienten entwickelt sich später eine Leberzirrhose [G 8, J 5, S 14]. Eine genetisch fixierte Prädisposition zu Lebererkrankung, für die der α_{1AT}-Mangel ein gut untersuchtes Beispiel darstellt, ahnten schon die alten französischen Kliniker, die auf Grund ihrer Beobachtungen festhielten: „ne de-vient pas cirrhotique qui veut".

Pulmonales Syndrom. Bei den viel häufigeren heterozygoten Indivi-duen werden erst im 3. oder 4. Lebensjahrzehnt Krankheitserschei-nungen manifest, vor allem ein progressives und therapieresistentes Lungenemphysem, ev. auch gehäuftes Vorkommen von Bronchiek-tasen [W 11]. Auch bei diesen Patienten wurden bei gezieltem Su-chen Leberparenchymstörungen und Zirrhose in unverhältnismäßig hoher Zahl gefunden.

Die Frequenz der Homozygoten für das pathologische Gen-Paar ZZ beträgt 1:1750 bis 1:2000. In selektioniertem Untersuchungs-material (Einsendung wegen klinischen Verdachts) wurde in einem von 100–150 Fällen ein pathologischer Befund erhoben. − Umge-kehrt wird geschätzt, daß etwa 10% der Patienten mit Emphysem erbliche Träger einer α_{1AT}-Anomalie seien.

Bei der angeborenen Pankreasfibrose wurde α_{1AT} normal gefunden. Ein erworbener passagerer α_{1AT}-Mangel im Blut besteht bei Neugeborenen mit Atemnotsyndrom. Dagegen ist in den hyalinen Membranen der Lunge sehr viel α_{1AT} nachzuweisen; offenbar wird die Antiprotease an Orten konzentriert, an denen auch große Mengen Proteasen (zur Auflösung der hyalinen Membranen) vorliegen. Tatsächlich steigt in der Rekonvaleszenz das α_{1AT} im Serum innerhalb weniger Tage auf normale Werte an [F 5].

LAURELL [L 2] hat erstmals darauf hingewiesen, daß die Diagnose des α_{1AT}-Mangels mit sehr einfachen Mitteln vermutet werden kann: Da es etwa 90% der α_1-Fraktion ausmacht, ist bei seinem Fehlen die α-Bande bei Inspektion der Elektrophoresestreifen kaum sichtbar. Starke Verminderung des α_1-Globulins muß daher Verdacht erwecken und die spezifische α_{1AT}-Bestimmung veranlassen.

2.1.1.10. Kongenitaler Mangel spezifischer Enzyme

Cholinesterase-Mangel und -Polymorphismus. Verminderte Aktivität dieses Enzyms infolge Mangels oder Vorhandenseins weniger aktiver Isoenzyme (s. S. 85) hat bei präoperativer Gabe von Muskelrelaxantien zu tödlichen Narkose-Zwischenfällen geführt [A 8, K 1, L 4]. Den Anaesthesisten ist diese Gefahr bekannt; sie muß durch prolongierte künstliche Beatmung überbrückt, oder sie kann durch Injektion von aktiver Cholinesterase (Konzentrat der Behringwerke) behoben werden.

Wilsonsche Krankheit (Coeruloplasmin-Mangel). Kupferansammlung in bestimmten Kernen des Nervensystems von Patienten mit hepatolentikulärer Degeneration (Wilsonscher Krankheit) ist schon lange bekannt. Das Fehlen des kupferhaltigen Enzymproteins Coeruloplasmin [S 6] läßt die vielfältigen, verschiedene Organe umfassenden klinischen Symptome auf einen gemeinsamen Nenner bringen: Coeruloplasmin ist das wichtigste Transportsystem für Kupfer, das bei freiem Vorkommen Hämolyse verursacht, in Geweben abgelagert wird, in Leber und Gehirn toxisch wirkt und im Limbus conjunctivae zum typischen und diagnostisch wichtigen Kayser-Fleischerschen Kornealring führt.

Durch verschiedene komplexbildende Substanzen (vor allem Penicillamin) kann freies Kupfer gebunden und abgelagertes wieder mo-

106

bilisiert werden [S 19]. Dagegen hat der Versuch einer Substitution mit hochgereinigten Coeruloplasmin-Präparaten keinen Erfolg gebracht. Daraus ist zu schließen, daß die Enzymaktivität des Coeruloplasmins zwar durch andere Mechanismen ersetzt werden kann, daß aber für den Kupfertransport die Biosynthese des Proteins mit Einbau des Cu unersetzlich ist. Die regelmäßig bei unbehandelten Patienten beobachtete Aminoazidurie erklärt sich aus der Komplexbildung von Kupfer mit Aminosäuren, die in dieser Form durch die Niere ausgeschieden werden; eine tubuläre Nierenschädigung liegt nicht vor [S 4].

Für die Frühdiagnose der Wilsonschen Krankheit ist die Coeruloplasmin-Bestimmung sehr wichtig, da es bei 98% der Fälle von Geburt an stark vermindert ist [S 4].

Im klinischen Verlauf sind drei kritische Phasen zu unterscheiden, die je eine Organ-Prädilektion zeigen:

1. Leberschädigung: Die Kupferablagerung in der Leber beginnt schon pränatal, und schon Neugeborene, bei denen die Diagnose im Rahmen einer Familienuntersuchung gestellt wurde, wiesen in der Leber Kupfervermehrung und deutliche histologische Veränderungen auf, die bei früh einsetzender Behandlung reversibel sind.

2. Hämatologisches Syndrom: Im Pubertätsalter kommt es bei unbehandelten Fällen durch Kupferausschwemmung zu Schüben schwerer hämolytischer Anämie. Die Kupfermobilisierung aus den im Laufe der Jahre angehäuften Vorräten der Leber scheint durch die hormonelle Umstimmung in der Pubertät ausgelöst zu werden. Die Hämolyse kann häufig auch bei sofortiger Senkung des freien Serum-Kupfers nicht beherrscht werden, und die Patienten sterben in der Anurie.

3. Neurologisches Syndrom: Wird erst im Erwachsenenalter deutlich, stellt die Spätphase dar und ist therapeutisch kaum mehr zu beeinflussen.

Die Vererbung ist autosomal rezessiv, und nur die Homozygoten sind krank. Die Heterozygoten können mit den heute verfügbaren Methoden noch nicht sicher erfaßt werden. Die Gen-Frequenz kann nicht sicher angegeben werden, da je nach der Region 1 Kranker auf 250 000 bis 1 000 000 Gesunde angegeben wird. Zudem sind genetische Unterschiede vermutet worden (frühe Manifestation bei Polen, späte bei amerikanischen Juden). Systematische Untersuchungen ganzer Populationen sind nicht sinnvoll, dagegen ist die gezielte Untersuchung der ganzen Familie eines Patienten praktisch durchführbar und wegen der sehr wirksamen Möglichkeit einer Prophylaxe zu empfehlen.

Lipoprotein-Lipase-Mangel führt zur familiären Hyperlipidämie Typ I (s. S. 137).

Adenosindeaminase-Mangel führt zu kombiniertem Immunmangel (s. S. 97).

β_2-Glykoprotein I-Mangel. In einer Familie wurden 2 homozygote und 5 heterozygote Genträger beschrieben, die keine klinischen Symptome aufwiesen.

2.1.1.11. Mangel an Gerinnungsfaktoren

Dieses Gebiet ist gerinnungsphysiologisch sehr intensiv untersucht, und es gibt zahlreiche Beispiele von autosomal-rezessiver Vererbung, bei denen die symptomfreien rezessiven Genträger erkannt werden können. Ferner ist die Hämophilie das am häufigsten zitierte Schulbeispiel für die geschlechtsgebundene Vererbung. − Hier sollen aus dem großen Gebiet nur zwei Störungen erwähnt werden, bei denen der proteinchemische Aspekt bedeutsam ist:

Störungen des Fibrinogens. Über 100 Fälle von *Afibrinogenämie* sind ausführlich beschrieben worden [H 7]. Das quantitativ sehr exakt zu bestimmende Fibrinogen ist bei diesen Patienten auf etwa $^1/_{1000}$ der Norm vermindert, jedoch mit genügend empfindlichen Methoden immer nachweisbar. Die Heterozygoten sind auf Grund einer Verminderung auf 40–70% der Norm zu identifizieren. Dabei ist zu beachten, daß Fibrinogen bei Reaktionen der akuten Phase ansteigt. Ein normaler Einzelwert schließt daher Heterozygotie nicht aus; bei Frauen ist der prämenstruelle Fibrinogenanstieg zu beachten.

Dysfibrinogenämien beruhen auf molekularen Anomalien des Fibrinogens, die sich gewöhnlich in einer Störung seiner Gerinnungsfunktionen manifestieren. Bei einigen pathologischen Fibrinogenen sind Anomalien der Aminosäurensequenz nachgewiesen und identifiziert worden (z. B. Fibrinogen Detroit).

Veränderungen des Faktor VIII. Faktor VIII (antihämophiles Globulin) ist hochgereinigt als Antigen zur Herstellung von Antiserum verwendet worden. Dieses ermöglicht im Radioimmuntest oder in der Elektroimmunodiffusion die Messung des entsprechenden Proteins. Die hämophilen Patienten besitzen ein kreuz-reagierendes Protein in annähernd normaler Konzentration. Die meisten Hämophilen synthetisieren also normale Mengen eines anomalen, im Gerinnungsablauf inaktiven F VIII-Proteins. Eine Diskrepanz zwischen Proteinmenge und Gerinnungsaktivität erlaubt meist auch die Erkennung der hemizygoten Konduktorinnen [Z 3]. Dagegen liegt

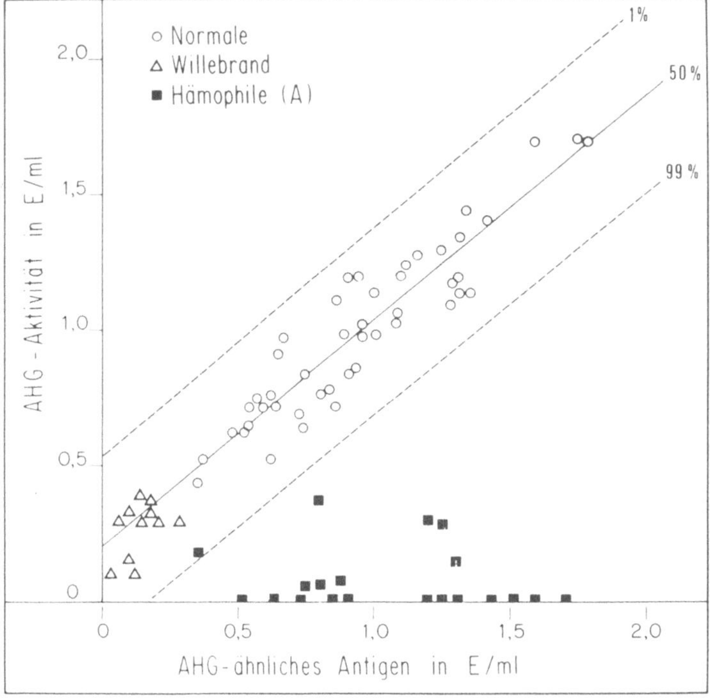

Abb. 21. Faktor VIII = Antihämophiles Globulin = AHG: Vergleich zwischen Gerinnungsaktivität und immunologischer Proteinbestimmung bei Patienten mit Hämophilie A und mit Thrombopathie nach von Willebrandt-Jürgens (nach [Z 2])

bei der von Willebrandtschen Erkrankung, die mit wechselnder
Verminderung der Faktor VIII-Aktivität einhergeht, der Korrela-
tionsfaktor zwischen Proteinmenge und Gerinnungsaktivität um 1
(Abb. 21): diese Erkrankung beruht also (wenigstens im humoralen
Teilaspekt) auf einer echten Proteinsynthesestörung [Z 2].

2.1.1.12 Lipoproteindefekte

Fehlen des α_1-Lipoprotein (Tangier's disease = familial HDL deficiency) (Tabelle 20): Die Krankheit wurde erstmals bei zwei auf der
Insel Tangier in der Chessapeak Bay lebenden Geschwistern beobachtet. Bisher sind 12 Fälle bekannt geworden. Sie manifestiert sich
als Speicherkrankheit mit Vergrößerung von Leber, Milz, Lymphknoten und, besonders auffallend, der Tonsillen, die riesig werden
und eigenartig orange-gelblich gefärbt sind. Das gespeicherte Material besteht aus Cholesterinestern, die sich auch in der Cornea, im
Thymus, in der Darmschleimhaut, in der Haut und in Blutgefäßen
ablagern. Bei den meisten Patienten treten neurologische Ausfälle

Tabelle 20. An-α-Lipoproteinämie (HDL-deficiency, Tangier's disease)

Klinische Symptome
- Vergrößerung von Tonsillen, Leber, Milz, Lymphknoten, durch Speiche-
  rung von Cholesterin-Estern — Leitsymptom: riesige orangerote Tonsillen mit glatter Oberfläche!
- Neuropathie: wechselnde Ausfälle peripherer Nerven (sensibel und mo-
  torisch)
- Kardiovaskuläre Störungen

Labor
- Blut: Cholesterin < 1 g/l, Triglyceride ↑
      α-Lipoproteine fehlen (Elektrophorese)
      HDL 1–2% (Ultrazentrifuge)
      Pathologisches HDL_T 1–2% (immunologisch)
- Knochenmark: „Schaumzellen", speichern doppelbrechende Choleste-
  rin-Ester

Genetik
- Autosomal rezessive Vererbung eines mutierten Allels
- Heterozygote nachweisbar

Differentialdiagnose
Lecithin-Cholesterin-Acyl-Transferase-Mangel (LCAT)

(sensible und motorische) auf, die teils bald vorübergehen, teils persistieren. Gefäß- und Herzerkrankungen schränken die Lebenserwartung ein, zwei Patienten starben im fünften Lebensjahrzehnt an Herzinfarkten.

Im Blut sind die Triglyceride erhöht, und paradoxerweise ist das Plasmacholesterin vermindert (unter 1 g/l). Bei der speziellen Lipoproteinuntersuchung findet man in der Elektrophorese keine α_1-Fraktion. Mit immunologischer Methodik und in der Ultrazentrifuge sind die Lipoproteine hoher Dichte (HDL) auf 1–2% der Norm vermindert, und immunologisch findet man zudem ein pathologisches, lediglich kreuz-reagierendes Protein (HDL$_T$). Die heterozygoten Genträger sind an partiellen Defekten der HDL zu erkennen.

A-β-Lipoproteinämie (familial LDL deficiency oder β-lipoprotein deficiency) (Tabelle 21): Dem Fehler im Fettstoffwechsel, d. h. der Unfähigkeit zur Synthese von β_1-Lipoprotein, können alle Kardinalsymptome der Erkrankung zugeordnet werden. [S 3]. Triglyceride werden zwar in das Epithel der Dünndarmzotten aufgenommen, wegen Abwesenheit der β-Lipoproteine jedoch nicht abtransportiert; die Epithelzellen sind daher mit Fett vollgestopft. Im Blut sind Triglyceride und vor allem Cholesterin stark vermindert. Die Erythrozytenmembranen enthalten sehr wenig Cholesterin; morphologisch fallen die stechapfelähnlichen Akanthozyten schon im Nativpräparat auf. In vitro ist die Auto-Hämolyse und die durch H_2O_2 ausgelöste Hämolyse stark erhöht; Vitamin E ist im Blut gar nicht nachweisbar (Normalkonzentration > 5 mg/l). Auch der mangelhafte Aufbau des Myelins erklärt sich aus verminderter Verfügbarkeit von Fett aus dem Blut; die resultierende Neuropathie wird zuerst als Retinitis pigmentosa bemerkbar, später mit Schwäche, Lähmungen und hochgradiger Ataxie; bei einigen Patienten entwickelt sich in der Folge eine Skoliose. Von den 28 bisher bekannten Patienten sind 4 ad exitum gekommen, vermutlich alle an kardialneurogenen Ursachen.

Die sehr seltene Krankheit wird wahrscheinlich autosomal-rezessiv vererbt. Die heterozygoten Genträger können aus einer Verminderung des Apo-LDL erkannt werden. Die Genfrequenz wird auf $0,005\% = 1:20000$ geschätzt.

Tabelle 21. A-β-Lipoproteinämie (LDL-deficiency)

Klinische Symptome
— Malabsorption für Triglyceride von Geburt an
  → Durchfall, Steatorrhoe (DD: Zöliakie)
— Retinitis pigmentosa vom 5. Jahr an
— Neuropathie, Ataxie vom 10. Jahr an
  Skoliose, Schwäche, Gehunfähigkeit (20. Jahr)

Labor
— Steatorrhoe, Pankreas-Enzyme und Galle normal
  Glutenentzug nutzlos
— Blutbild: Akanthozytose der Erythrozyten
            Autohämolyse und H_2O_2-Hämolyse erhöht
— Blutchemismus: Cholesterin < 25 mg%, Lipide ⬇⬇
— β-Lipoproteine (LDL) < 1/1000 der Norm (Ep, immunologisch, UZ)

Genetik
— Autosomal rezessive Vererbung
— Gen-Frequenz 0,005% = 1 : 20000
— Heterozygote nicht zu identifizieren

Differential-Diagnose
— Zöliakie, Hypo-β-Lipoproteinämie (autosomal-dominant vererbt, VDL
  ca. 10% der Norm)

Familiäre Hypo-β-Lipoproteinämie. Bei dieser weniger schweren
Störung (β-Lipoproteine ca. $^1/_{10}$ der Norm) liegt ein autosomal-do-
minanter Erbgang vor. Die Symptome sind bedeutend weniger ausgesprochen als bei der A-β-Lipoproteinämie. Bisher sind 4 Familien
bekannt.

2.1.2. Primäre Dysproteinämien (Protein-Synthese unbalanciert)

Quantitative Verschiebungen der Relationen innerhalb einer Pro-
teingruppe resultieren aus Verlagerungen des Synthesegleichge-
wichts. Solche Störungen können schon im frühen Kindesalter vorhanden sein, aber Krankheitssymptome werden gewöhnlich erst im
späteren Alter erkannt. Eine hereditäre Fixierung ist wahrscheinlich, aber wegen der späten Manifestation oft nicht offensichtlich

und deswegen vom klinischen Gesichtspunkt aus nicht vordergründig. Ausführlich untersucht sind solche Störungen bei den Immunglobulinen und bei den Lipoproteinen.

2.1.2.1. Gleichgewichtsstörungen der Immunglobulinsynthese

Die einzigartige Steuerung der Immunglobulinsynthese durch Rückkopplung (s. S. 68/9) unterliegt verschiedenen charakteristischen Störungen. Wir versuchen hier den proteinchemischen Gedankengang konsequent weiter zu entwickeln; daraus ergibt sich eine neue Einteilung, in die sich zahlreiche klinische Syndrome zwanglos einordnen lassen.

2.1.2.1.1. Störungen im Antrieb der Immunglobulinsynthese. Völliges Versagen der Reaktion auf einen Antigenreiz führt zur (sehr seltenen) A-γ-Globulinämie (s. S. 94). Viel häufiger ist die Synthese einzelner Immunglobulin-Klassen eingeschränkt („variable Immunmangel-Syndrome", s. S. 101). Die weitere sorgfältige Erforschung einer großen Kasuistik wird hier vermutlich in Zukunft weitere sinnvolle Unterteilungen ermöglichen.

Wichtiger sind in der Praxis Patienten, die eine oder wenige Immunglobulinklassen in eingeschränktem Ausmaß synthetisieren können. Normalerweise wird durch einen Antigenstimulus eine B-Zelle nach der anderen rekrutiert oder „angedreht" (s. Abb. 7, S. 51); bei diesen Patienten werden zu wenige Zellen aktiviert, woraus eine zu geringe Diversität resultiert, wie bei einzelnen Patienten mit kombiniertem Immunmangel bewiesen wurde. Die Umkehrung des gleichen Mechanismus wird bei Patienten mit kombiniertem Immunmangel nach erfolgreicher Knochenmarkstransplantation beobachtet: Die Ig-Synthese setzt bei ihnen nicht allmählich, sondern sprunghaft ein, erkennbar an diskreten monoklonalen Immunglobulingradienten, die nacheinander je von einer aktivierten B_5-Zelle gebildet werden. Nach einigen Wochen haben so viele Plasmazellen ihre Tätigkeit aufgenommen, daß eine normale, breite (polyklonale) γ-Globulin-Fraktion resultiert.

Den seltenen, aber exemplarischen kongenitalen Erkrankungen liegt eine angeborene Störung (Genmutation, Enzymdefekt, Stoffwechselfehler) zugrunde. Im postnatalen Leben erworbene Balancestörungen können alle angeborenen Defekte genau kopieren. Zudem gehen sie häufig mit der Produktion großer Mengen monoklonaler Immunglobuline einher.

2.1.2.1.2. Störungen in der Rückkopplung der Immunglobulinsynthese: Krankheiten mit monoklonalen Immunglobulinen (MIg).

Zytogenese. Ein Antigenstimulus, der eine B_1-Zelle aktiviert (Abb. 7, S. 51) [S 2], löst ihre Differenzierung bis zur Plasmazelle (B_5) aus. Jeder Differenzierungsschritt ist irreversibel. Neue Zellen werden in jedem Lebensalter aus den Vorstufen B_0 und B_1 eingeführt, und die Gedächtniszellen (B_3) können jahrzehntelang, vielleicht lebenslang, erhalten bleiben. Zellen jeder Differenzierungsstufe können durch homoplastische Teilung proliferieren. Die resultierenden Tochterzellen bilden einen Haufen gleichartiger Zellen, den man als Clonus oder Klon bezeichnet. Sein Wachstum, die „klonale Expansion", wird durch das Endprodukt der Zellreihe gehemmt, d. h. durch den spezifischen Antikörper gegen das antreibende Antigen, was man als Rückkopplung (feed-back) bezeichnet. Sehr intensive oder lang anhaltende Antigenreize aktivieren viele Klone, die entsprechenden Antikörper sind polyklonal. Aus wenigen Klonen stammende Antikörper oder Immunglobuline sind „oligoklonal", aus einem einzigen Klon stammende nennt man „monoklonal". Wenn der normale Rückkopplungs-Mechanismus versagt, kann der zugehörige Zellklon unkontrolliert wuchern. Seine „monoklonalen Zellen" sind nach vielen Kriterien gleichartig (morphologisch, zytochemisch, zytogenetisch, funktionell, etc.). Sie exprimieren identische Erbeigenschaften und bilden ein homogenes Produkt, das deswegen als *monoklonales Immunglobulin (MIg)* bezeichnet wird. Proteinchemische Methoden erlauben eine sehr exakte Charakterisierung solcher MIg aufgrund von Klasse, Typ und genetischen Markern. — Ein weiteres Argument für die monoklonale Entartung kommt von zytogenetischen Befunden: chromosomale Aberrationen wurden zuerst bei der chronisch-myeloischen Leukämie in Form des Philadelphia-Chromosoms (Ph_1) gefunden. Systematische zytogenetische Untersuchungen haben bei vielen malignen Lymphomen massive Störungen gezeigt, die offenbar mit der autonomen Wucherung parallel gehen.

Die Möglichkeit der Identifizierung von B-Zellen verschiedener Entwicklungsstufen durch den Nachweis von membrangebundenen

114

oder intrazellulären Immunglobulinen erlaubt die Anwendung des B-Zell-Differenzierungs-Schemas (Abb. 7) auf Erkrankungen des B-Zell-Systems (Tabelle 22): Klonale Expansion kann auf jeder Differenzierungsstufe von B_1 bis B_5 einsetzen. Die Rückkopplung versagt oft, weil durch Mutation eine anomale Zelle entsteht, die auf die normale Inhibition nicht anspricht und deswegen autonom wuchert.

Die in einem autonomen Klon endende Entgleisung beruht auf zwei zellulären Ereignissen („two-hit hypothesis"): Zuerst stimuliert ein Antigen die monoklonale B-Zell-Proliferation, später veranlaßt ein zweiter Stimulus das unkontrollierte Wachstum dieser Zellen. – Beide Ereignisse kommen bei jedem Menschen häufig vor: Klonale B-Zell-Proliferation steht wahrscheinlich im Beginn jeder Neu-Immunisierung. Daß sie auch bei monoklonalen, autonomen und malignen Wucherungen eine Rolle spielt, wird durch den Nachweis von Myelomproteinen mit Antikörperspezifität (Kälteagglutinine, Rheumafaktoren, Antistreptolysin, Antitetanus, Antipferdeglobulin u. a.) bewiesen [S 13]. In Einzelfällen lag die Immunisierung nachweislich mehr als 40 Jahre zurück; ein Klon von damals geprägten Gedächt-

Tabelle 22. Immuno-zytologische Systematik der malignen Lymphome (ohne Hodgkin)

Differenzierungs-stillstand und Klonbildung	Membrangebundene Ig	Ig im Blut	Krankheit
B_1	$++$	$\downarrow\downarrow$	CLL
B_2	$++$ $\mu \gg \gamma$	no	Burkitt-Lymphom, Histiocytäres Lymphosarkom, Retikulum-Zell-Sarkom
B_2–B_3	$++$	$\downarrow$/no	CLL
B_4	$+$	$\uparrow\uparrow$ monoklonal	CLL mit „Paraproteinämie"
B_4	$+\mu$	$\uparrow\uparrow$ monoklonal IgM	Makroglobulinämie Waldenström
B_5	$-$	$\uparrow\uparrow$ monoklonal IgG, IgA u. a.	Multiples Myelom

niszellen muß so lange überlebt haben. Es genügt, daß eine einzige Zelle aus diesem Klon durch ein zweites Ereignis maligne transformiert wurde. Als derartige mutagene oder onkogene Stimuli kommen z. B. Virusinfekte in Frage, wie das ausführlich untersuchte Epstein-Barr-Virus (EBV): Die meisten Menschen machen eine Infektion mit diesem Virus inapperzept durch, bei einer Minderheit äußert sich die monoklonale B-Zell-Stimulation klinisch als Mononucleosis infectiosa (Pfeiffersches Drüsenfieber), und bei einer verschwindend kleinen Anzahl entsteht ein leukämisches Neoplasma. Wenn eine monoklonale Proliferation von den Differenzierungsstufen B_1 bis B_4 ausgeht, kann das klinische Bild der *chronisch-lymphatischen Leukämie* entstehen (Tabelle 22). Die hämatologischen und tumorösen Befunde sind aus der Infiltration von Knochenmark, lymphatischem Gewebe und anderen Organen zu verstehen. Die Lymphozytenzahl im Blut geht mit der Tumormasse annähernd parallel. Klonale Entartung früher Differenzierungsstufen (Stadium B_1 und B_2) erdrückt die Sekretion der normalen Immunglobuline und führt daher zu Hypo- oder A-γ-Globulinämie. Bei Entartung weiter differenzierter Zellen (B_3 und B_4) entsteht das (bisher paradoxe) Bild der *„chronisch-lymphatischen Leukämie mit Paraproteinämie"*. Beim *Burkitt-Sarkom,* das in den afrikanischen Fällen kausal mit der EBV-Infektion zusammenhängt, weisen die malignen Zellen des Stadiums B_2 an ihren Membranoberflächen meistens IgM, selten IgG auf. Weitere seltene Krankheiten, die mit Bezeichnungen wie *histiozytäres Lymphosarkom, Retikulumzellsarkom* und anderen belegt wurden, sind vermutlich ebenfalls hier einzuordnen, dafür liegen aber noch nicht genügend histochemische und immunochemische Befunde vor.

Monoklonale Entartung aus dem Differenzierungsstadium B_4 führt zum Krankheitsbild der *Makroglobulinämie Waldenström.* Die infiltrativ wuchernden Zellen wurden zytologisch als „lymphoide" oder „plasmozytoide" Zellen oder „flammende Plasmazellen" bezeichnet [U 1]. Die meisten von ihnen besitzen sowohl auf der Zellmembran als auch im Zellplasma IgM, das sie zudem auch in das Blutplasma sezernieren können.

Monoklonale Expansion vom Differenzierungsstadium B_5 aus führt zum multiplen Myelom. Zytologisch sind die wuchernden Elemente eindeutige Plasmazellen (= Plasmozytome). Ein ausgedehntes Er-

gastoplasma im elektronen-mikroskopischen Bild kennzeichnet sie
als sezernierende Zellen. Immunzytochemisch fehlen ihnen die
Oberflächen-Immunglobuline, dagegen enthalten sie im Zellplasma
große Mengen monoklonaler Immunglobuline, die mit den im Blutplasma zirkulierenden identisch sind. Histologisch erzeugen die lokalen Zellwucherungen häufig Knochenzerstörungen, für die ein
von der Zelle sezernierter Calcium-mobilisierender Faktor verantwortlich ist.

Proteinchemische Befunde. Die genaue Charakterisierung von Immunglobulinen ist mit differenzierten Methoden möglich. Hohe und
schmalbasige Gradienten in der elektrophoretischen γ-Globulin-
Fraktion wurden nach ihrer Entdeckung zunächst für typische und
obligate Zeichen des Myeloms gehalten. Entsprechend ihrer elektrophoretischen Beweglichkeit wurden deswegen „γ"- und „β-Mye-
lomproteine" oder abgekürzt „M-Gradienten" unterschieden [R 7].
Da diese Unterschiede — wie wir heute wissen — oberflächlich
sind, wurden sie nach Definierung der Immunglobulin-Fraktion zu
Gunsten der besseren immunochemischen Charakterisierung fallengelassen. WALDENSTROEM faßte die ganze Krankheitsgruppe als
„Gammopathien" zusammen, ersetzte diesen Ausdruck aber nach
Abklärung des zellulären Hintergrundes durch den Terminus „monoklonale Immunopathien"; den Ausfall des Rückkopplungsmechanismus umschrieb er mit der Bezeichnung „Derepressions-Krank-
heiten" [W 2, W 4], die sich allerdings nicht durchgesetzt hat. Auch
DAMESHEKS [D 1] Nomenklatur-Vorschlag von „proliferativen Zell-
reihen" beruht auf der Vorstellung einer Klon-Bildung; sein Begriff
„immunoproliferative Erkrankungen" ist aber in der Klinik ebenfalls nicht gebräuchlich geworden. Im deutschen Sprachgebiet haben
sich vor allem LENNERT und RUETTNER um die systematische Ord-
nung dieser Krankheiten bemüht. Die Arbeiten eines Komitees der
Weltgesundheitsorganisation [W 12] haben deutlich eine unübersehbare Sprach- und Begriffs-Verwirrung gezeigt, jedoch keinen allgemein akzeptierten Ausweg weisen können.
Die ersten immunologischen Untersuchungen mit spezifischen Antiseren gegen isolierte Myelomproteine zeigten für jeden Patienten
eine Individualspezifität. Die Myelomproteine wurden deswegen als
abwegige, anomale Globuline aufgefaßt und mit einem von APITZ

geprägten Terminus als „Paraproteine" bezeichnet [H 1]. Schon damals wurde aber die Frage diskutiert, ob Myelomproteine wirklich qualitativ andersartig seien oder ob sie vielmehr in geringen Mengen auch im normalen Plasma vorkämen. Immunochemische und sequenzanalytische Untersuchungen der letzten Jahre haben mehrheitlich quantitative Verschiebungen gezeigt und nur selten auch qualitative Abweichungen. Da der Unterschied mit den heute verbreiteten Methoden kaum erkannt werden kann, sollte überhaupt nicht mehr von „Paraproteinen" gesprochen werden [F 16, W 4]. Wir gebrauchen konsequent den Ausdruck „monoklonales Immunglobulin" (MIg).

Der Nachweis von MIg ist heute mit relativ einfachen Mitteln möglich (B 3) (s. S. 132/4). In Tabelle 23 werden die im Blutplasma vorkommenden MIg in 3 Gruppen unterteilt:

– komplette (normale) Immunglobuline, die aus je einem Paar schwerer und leichter Ketten bestehen,

– inkomplette Immunglobuline (nur leichte oder nur schwere Ketten) und

– Immunglobulin-Bruchstücke, bei denen die Aminosäurensequenzanalyse massive Abweichungen von der normalen Primärstruktur zeigt. Durch Mutation bricht die Ablesung des genetischen Code vorzeitig ab, meist in der „Angelregion" („hinge region")

Tabelle 23. Monoklonale Immunglobuline (MIg) im Blut; immunochemische Charakterisierung und Korrelation zu klinischen Befunden

a) Komplette Ig	*Klinik*
IgM	Makroglobulinämie Waldenström (selten: CLL)
IgG, IgA, IgD, IgE	Multiples Myelom (selten: CLL)
b) Inkomplette Ig	
Bence-Jones-Proteine (mikromolekulare MIg)	Multiples Myelom mit Bence-Jones-Proteinurie: oft Amyloidose
γ, μ, α	„Schwer-Ketten-Krankheiten"
α	„Malignes intestinales Lymphom"
c) Ig-Bruchstücke	Myelom, Retikulose, Lymphosarkom CLL

[F 16]. Nur für diese chemisch mißlungenen Ig-Bruchstücke wäre die Bezeichnung „Paraprotein" zutreffend.

Tabelle 23 zeigt die Korrelation zu klinischen Krankheitsbildern. Sie umfaßt nur monoklonale Entartungen aus der Differenzierungsstufe B_5 und B_4 (ev. auch B_3). Da Immunglobuline auch auf den Zellmembranen differenziert werden können, ist eine Ausdehnung dieser Nomenklatur auf die Differenzierungsstufen B_1 bis B_3 an sich möglich; die dafür vorliegenden kasuistischen Angaben sind aber noch spärlich.

Der Ausdruck „Paraproteine" ist auch in die Klinik eingedrungen, indem einige Autoren von „Paraproteinämien" oder „Paraproteinosen" sprechen. Sie übertragen dabei ein wichtiges, aber nicht obligates Symptom auf die ganze Krankheitsgruppe. Dieses Vorgehen, das schon viel Verwirrung gestiftet hat, ist auf jeden Fall abzulehnen.

Häufigkeit monoklonaler Immunglobuline (Tabelle 24): Eine systematische Untersuchung auf MIg im Blut an einer ganzen Population ohne Auswahl, wurde erstmals in der Stadt Malmö durchgeführt [A 12, H 3, W 3] und später von verschiedenen Autoren wiederholt (K 5). Diese Untersuchungen zeigten ein MIg bei „gesunden" jüngeren Personen als seltenen Zufallsbefund (0,1–0,2%), bei älteren

Tabelle 24. Vorkommen monoklonaler Immunglobuline bei verschiedenen Gruppen der Bevölkerung (K 4)

Autor	Bevölkerung	Alter	N untersucht	MIg %	Myelom %
AXELSSON u. HÄLLÉN, 1968	nicht ausgewählt	25–99	6 995	1,0	0,03
FINE et al., 1972	Blutspender	26–60	10 300	0,1	0,03
KOHN u. SRIVASTURA, 1972	Blutspender	20–62	9 420	0,2	0
AXELSSON, 1966	nicht ausgewählt	> 60	2 043	1,4	0,1
FINE et al., 1966	Altersheim-Insassen	> 68	500	3,0	0,4
HÄLLÉN, 1963	Altersheim-Insassen	> 70	294	3,1	0
ENGLISOVA, 1968	Altersheim-Insassen	65–79	369	1,6	?
ENGLISOVA, 1968	Altersheim-Insassen	80–90	51	11,7	?
ENGLISOVA, 1968	Altersheim-Insassen	> 90	26	19,0	?

jedoch, besonders von der 6. Dekade an, in stetig ansteigender Frequenz bis auf 19% bei über 90jährigen.

Nur ein kleiner Bruchteil ($^1/_5$ bis $^1/_{10}$) davon leidet an einer malignen Erkrankung, bei der überwiegenden Mehrheit sind keine klinischen Symptome festzustellen, und weitere Kontrollen zeigen keine Progression. Die oft gebrauchte Bezeichnung „benigne Paraproteinämie" sollte besser durch Angabe der klinischen Diagnose mit Zusatz des Laborbefundes ersetzt werden, z. B. „Leberzirrhose mit MIg" oder „chronische Entzündung mit MIg" oder „gesunde Person mit kleinem MIg-Gradien en" etc. Einfache Kontrollen solcher Befunde (je nach klinischem Zustand alle 1–2 Jahre) genügen. (Zur klinischen Bewertung s. S. 133).

Vereinzelt wurde über *„passagere Paraproteinämien"* berichtet, z. B. schon bei Säuglingen mit septischen Infekten, bei 19 von 20 Patienten mit infektiöser Endokarditis, nach jahrzehntelanger Antigenstimulation durch Injektion von Leberextrakten, bei Trypanosomiasis und bei anderen Parasiteninfestationen. In den meisten Fällen dürfte es sich um die Erfassung einer normalen, kurzfristig monoklonalen, initialen Antikörperbildung handeln. Man sollte hier von einer sehr intensiven normalen Abwehrreaktion mit MIg sprechen und den durch die Bezeichnung als „Paraprotein" hervorgerufenen Eindruck eines pathologischen und potentiell malignen Zustandes vermeiden.

Bei hospitalisierten Patienten sind lymphoproliferative Erkrankungen sehr viel häufiger als in einer „gesunden" Bevölkerung (z. B. bei freiwilligen Blutspendern). Statistiken der klinischen Diagnosen zeigen aber große Frequenzunterschiede. Tabelle 25 stellt die Zahlen von 3 Autoren aus verschiedenen geographischen Regionen und von verschiedenen Jahren einander gegenüber; sie könnte leicht erweitert werden, was lediglich das Argument der mangelnden Vergleichbarkeit bekräftigen würde. Eindeutig ist, daß maligne lymphoproliferative Erkrankungen in diesem ausgewählten Patientengut überwiegen. Unterschiede in der relativen Frequenz sind zweifellos der Indikationsstellung zur Untersuchung zuzuschreiben, und die Berechnung von Prozentsätzen ist deswegen wenig sinnvoll.

Von größerem Interesse ist die Häufigkeitsverteilung innerhalb der Gruppe der malignen Lymphome. Auch hier sind aber die prozentualen Unterschiede zwischen den Zahlen der 3 Autoren groß:

120

Tabelle 25. Frequenz monoklonaler Immunglobuline und klinische Diagnose bei Klinik-Patienten

	Waldenström [W 1]	Kanoh [K 2]	Carter [C 2]
1. Maligne Lymphome	197	157	515
— Multiples Myelom mit	142	128	420
IgG		89	
IgA		25	
IgD		2	
Schwerketten-Krankheit			3
Bence-Jones-Proteine		12	nicht erwähnt
— Makroglobulinämie (IgM)	40	7	32
— Andere (CLL, Lymphosarkom etc.)	15	22	60
2. Nicht-maligne Erkrankungen (Entzündung, Leberzirrhose, „idiopathische Paraproteinämie" etc.)	22	46	158
3. Unklare Diagnose	57	0	18
Total	276	203	691

Z. B. enthält das Material von WALDENSTROEM [W 1] unverhältnismäßig viele Makroglobulinämien, was erwiesenermaßen damit zusammenhängt, daß ihm verdächtige Patienten von weither zugewiesen wurden. Beim japanischen Material von KANOH [K 2] könnten ethnische Unterschiede eine Rolle spielen, die ihrerseits genetisch fixiert oder durch Ernährungsgewohnheiten bestimmt sein könnten. Schließlich zeigt Tabelle 25, daß mit Verfeinerung der immunochemischen Methodik in der neuesten Statistik von CARTER [C 2] neue Kategorien hinzukommen (Schwerketten-Krankheit s. S. 123).

Unter Verzicht auf genaue Zahlenangaben kann festgehalten werden, daß maligne Erkrankungen mit MIg der verschiedenen Klassen in ihrer Häufigkeit ungefähr den Blutkonzentrationen der normalen Immunglobuline entsprechen: IgG > IgA > IgM > IgD > IgE. Dasselbe gilt für die Subklassen (IgG_1 am häufigsten etc.). Inkomplette Immunglobuline sind hier nicht eingereiht, und ein solcher Versuch erscheint auch wenig sinnvoll: Die Frequenz von Bence-Jones-Proteinen allein würde nach KANOH [K 2] zwischen IgA und

IgM stehen, aber diese Angabe trügt, weil alle seine Fälle mit kompletten MIg und Bence-Jones-Protein willkürlich der entsprechenden kompletten Klasse zugeordnet wurden. Die Schwerkettenkrankheit wurde bisher selten diagnostiziert, so daß über ihre wirkliche Frequenz noch nicht viel ausgesagt werden kann.

Ein wichtigeres Anliegen als die weiter verfeinerte Differenzierung von Krankheiten der Stufen B_4 und B_5 mit MIg im Blut stellt die proteinchemische Untersuchung maligner lymphoproliferativer Erkrankungen dar, bei denen in der Klinik heute eindeutig andere Gesichtspunkte im Vordergrund stehen, wie vor allem bei den Leukämien (Stufen B_1 bis B_3). Bessere Möglichkeiten zum Nachweis von membrangebundenen Immunglobulinen und weitere Verbreitung dieser Methoden dürften hier in naher Zukunft nicht nur numerische Verschiebungen der Prozentzahlen, sondern auch wesentliche neue Einblicke in die Pathogenese bringen.

Klinische Erscheinungsformen von Krankheiten mit MIg (Tabelle 26). In der klinischen Symptomatologie der malignen Lymphome mit MIg können allgemein vorkommende Symptome und spezielle Zeichen einzelner Krankheiten auseinandergehalten werden:

Die Infiltration durch wuchernde maligne Zellen betrifft Knochenmark, lymphatisches System und Weichteile. Aus der Verdrängung der normalen Zellen des Knochenmarks resultieren Zytopenien (vor allem Anämie), im lymphatischen System eine Behinderung der Bildung normaler Immunglobuline und Antikörper (AMS). Die MIg selber können normale Körperstrukturen beeinträchtigen.

Spezielle Symptome entstehen als Folge besonderer Eigenschaften der jeweils entarteten Zellen:

Die *Makroglobulinämie* betrifft vor allem Männer in höherem Alter. Die plasmozytoiden Zellen infiltrieren vorwiegend das lymphatische System, so daß Symptome des Antikörpermangelsyndroms im Vordergrund stehen. Wegen Beeinträchtigung der Blutgerinnung (vgl. auch Tabelle 27) besteht ferner häufig eine hämorrhagische Diathese und regelmäßig eine Anämie. Dagegen stehen Schmerzen nicht im Vordergrund.

Das *multiple Myelom* präsentiert sich vorwiegend als progressive neoplastische Wucherung der Plasmazellen, die nicht nur das Knochenmark, sondern auch den Knochen selber betrifft; Knochenschmerzen sind ein Frühsymptom, und das Skelett zeigt radiologisch häufig umschriebene Defekte oder eine allgemeine Osteoporose.

Das Erscheinungsbild der *Schwerkettenkrankheit* ist sehr unterschiedlich: die γ-Ketten-Krankheit kann sich wie eine akute myeloische Leukämie oder wie ein Lymphosarkom präsentieren und außer dem Knochenmark auch Weichteile befallen. Recht charakteristisch ist die α-Ketten-Krankheit mit ausgedehnter Infiltration der gesamten Darmmukosa und konsekutivem Malabsorptionssyndrom. Sie ist

Tabelle 26. Klinik der malignen Lymphome mit monoklonalem Ig („Paraproteinämie")

---

1. Allgemein vorkommende Symptome
  1.1. Blastomatöse Zellwucherung— im Knochenmark (Km) und Knochen— im lymphatischen System (lyS) → Adenopathie, Hepatosplenomegalie
    — in Weichteilen
  1.2. Verdrängung normaler Zellen
    — im Km → Zytopenien
    im lyS → Antikörpermangel-Syndrom (AMS)
  1.3. Auswirkungen des monoklonalen Ig auf normale Gewebe und Proteine (Tabelle 27)
2. Spezielle Leitsymptome einzelner Krankheiten
  2.1. Makroglobulinämie Waldenström
    Höheres Alter, ♂>♀
    AMS, Blutungsneigug, Anämie
    Infiltrate im lymphatischen System
    Selten leukämische Ausschwemmung
  2.2. Multiples Myelom
    Mittleres bis hohes Alter, ♂ = ♀ (IgD: jüngeres Alter ♂ ≫ ♀)
    Skelet-Schmerzen, Osteoklasie, Osteoporose
    Infiltrate im Km, seltener in Weichteilen
  2.3. Schwerketten-Krankheiten (SKK)
    2.3.1. *γ-SKK:* höheres Alter, ♂>♀
      Rachen-Erythem u. Ödem; Infiltration lyS, AMS
    2.3.2. *α-SKK:* jugendliches Alter, ♂ : ♀~3:2, Mittelmeerländer
      Chronische Diarrhoe, Steatorrhoe, Malabsorption → Bauchweh, Gewichts- und Elektrolyt-Verluste
      Infiltrate: lyS des Darmes oder der Atemwege
    2.3.3. *μ-SKK:* selten! Wie CLL. Infiltrate: lyS
  2.4. Leicht-Ketten-Krankheiten = Bence-Jones-Protein-Bildung Protein-Verlust — Kachexie, Nierenschädigung;
    Amyloidose; AMS

---

bei Mittelmeervölkern und bei Askenasi-Juden gehäuft gefunden worden. Auch Befall des Respirationstraktes wurde beschrieben. Die μ-Ketten-Krankheit präsentiert sich wie eine chronische lymphatische Leukämie.

Leichtkettenkrankheiten erzeugen farbige und verwirrende Symptome. Die Bence-Jones-Proteine sind wegen ihrer geringen Molekülgröße nierengängig und können infolgedessen zum Proteinverlust-Syndrom (s. S. 145) führen, das schon von Magnus-Levi sehr treffend als „Kachexie bei Proteinverschleuderung" [H 7] charakterisiert wurde. Die Bence-Jones-Proteine im Urin können die Niere durch ihre besonderen physikochemischen Eigenschaften direkt schädigen. Durch Präzipitation im Urin und/oder im Blut tragen Bence-Jones-Proteine ferner zur Bildung von Amyloid bei (s. S. 126 ff.).

Auswirkungen monoklonaler Immunglobuline auf Gewebe und Proteine (Tabelle 27). Aus der molekularbiologischen Kenntnis besonderer Moleküleigenschaften können zahlreiche Symptome erklärt werden [H 8, S 13]. Die am besten bekannten sind in Tabelle 27 zusammengestellt.

Viele MIg haben die Tendenz zur Polymerisation und zur Aggregation. Infolgedessen ist die Senkungsreaktion enorm erhöht, oft mit makroskopisch sichtbarer Verklumpung der Erythrozyten. Mit Serum kann der sehr einfache SIA-Test („Serum in aqua") angestellt werden: Läßt man einen Tropfen Serum in Aqua dest. fallen, bilden sich Schlieren, die sich nicht wieder auflösen, sondern sich zu einem Präzipitat verdichten. Klinisch kann das gefährliche Hyperviskositäts-Syndrom entstehen, das zu Zirkulationsstörungen in den kleinen Arterien führt (Sehstörunen, zerebrale Insulte, Herzinsuffizienz, Anurie) [F 2].

Viele MIg haben die Tendenz, auch mit andern Proteinen Verbindungen einzugehen; aus solchen Proteinassoziationen können ebenfalls Gefäßobstruktionen oder das Raynaud-Syndrom resultieren. Gerinnungsfaktoren können im Komplex inaktiviert werden, woraus eine Blutungsneigung resultiert. Bei Verschlechterung der Löslichkeit werden Komplexe abgelagert, was zu Nephropathie und Neuropathie, unter besonderen Bedingungen zu Amyloidose (s. S. 126 ff.) führen kann.

Einige MIg sind temperaturlabil: Kryoglobuline können schon wenig unterhalb der normalen Körpertemperatur ausfallen und in den betroffenen Gebieten zu Zirkulationsstörungen führen; die Patienten können Kälte nicht vertragen und leiden unter Zirkulationsstörungen an den Akren [G 15]. Unmittelbare klinische Auswirkungen der Temperaturlabilität von Pyroglobulinen [I 1] oder von Bence-Jones-Proteinen (die bei 56° resp. bei 75° C ausfallen) sind nicht bekannt.

Tabelle 27. Auswirkungen monoklonaler Ig auf Gewebe und Proteine [H 8, S 13]

Physiko-chemische Eigenschaft des MIg	Klinisches Symptom/Labor-Zeichen
Tendenz zu Polymerisation und Aggregation	BSR ↑↑; SIA-Test + + + Hyperviskosität stört Zirkulation → Sehstörung, zerebrale Schädigung, Herzinsuffizienz, Anurie, Koma;
Protein-Protein-Assoziation	Gefäß-Obstruktion; Raynaud-Syndrom mit Gerinnungsfaktoren → Blutungsneigung Amyloidose; Nephropathie; Neuropathie
Temperatur-Labilität	
– Kryoglobuline	Kälteempfindlichkeit, Raynaud-Syndrom
– Pyroglobuline	?
– Bence-Jones-Protein	?
Antikörper-Aktivität, spezifische, gegen:	
– Erythrozyten (I, i, Pr)	hämolytische Anämie, Hämoglobinurie
– Thrombozyten	Thrombozytopenie, Blutungsneigung
– Gerinnungsfaktoren, bes. Fibrinogen	Blutungen; Hemmkörper-Hämophilie
– γ-Globulin	„Rheumatische" Symptome (Arthritis, Kollagenosen, Sjögren-Syndrom, Lupus erythematodes, Thyreoiditis, Skleromyxödem)
– β-Lipoprotein	?
– Komplementfaktoren	Phagozytose-Störungen
Depression eigener Antikörperbildung	Begleit-AMS, Infekt-Anfälligkeit
Freie L-Ketten	Bence-Jones-Proteinurie, Nierenschädigung, Amyloidose
Hoher isoelektrischer Punkt	Hyponatriämie ohne Natriummangel

MIg mit Antikörperaktivität können mit verschiedenartigen Normalstrukturen (zellulären und gelösten Blutelementen) reagieren und so eine Vielzahl von Störungen verursachen, die von Autoimmunkrankheiten kaum zu unterscheiden sind. Von großer Bedeutung ist die Depression der eigenen Antikörperbildung, die einerseits auf die mechanische Verdrängung der normalen lymphatischen Elemente durch die wuchernden Zellen, andererseits auf Ansprechen derselben im normalen Rückkopplungsmechanismus zurückzuführen ist. Das Resultat ist ein humorales Antikörpermangelsyndrom, das sich klinisch als Infektanfälligkeit äußert (s. S. 170).

Bence-Jones-Proteine im Blut und im Urin sind relativ schlecht löslich und erzeugen einerseits eine tubuläre Nierenschädigung, andererseits eine generalisierte Amyloidose.

Beim amphoteren Charakter von Proteinen können MIg mit hohem isoelektrischen Punkt schon bei physiologischem Körper-pH als Kationen vorliegen. Zur Aufrechterhaltung des physiologischen pH sinkt kompensatorisch die Natriumkonzentration im Serum; daraus resultiert bei der Elektrolyt-Bestimmung ein scheinbar unmögliches Bild mit nicht equilibriertem Ionogramm. Durch Darstellung eines Teils der Proteine auf der Kationenseite kann das Gleichgewicht graphisch wiederhergestellt werden, und dies dürfte auch tatsächlich den physiologischen Verhältnissen entsprechen [F 14].

Leichtkettenkrankheit — Amyloidose. Als Amyloid bezeichnete VIRCHOW 1854 (V 3) eine Substanz im Gewebe, die sich mit Jod in schwefelsaurer Lösung ähnlich färbte wie Stärke. Als Amyloidosen wurden später Krankheiten zusammengefaßt, die durch Ablagerung dieses Materials geprägt sind. Amyloid erscheint im Lichtmikroskop homogen, im Elektronenmikroskop fibrillär und im polarisierten Licht doppelbrechend. Es ist unlöslich und wird von Kongorot angefärbt. Röntgenkristallographische Untersuchungen zeigen, daß es aus Polypeptidketten in antiparalleler gestreckter Faltblatt-β-Anordnung (Abb. 1, S. 5) zusammengesetzt ist. Neuerdings konnte es in Lösung gebracht und mit verfeinerten protein- und immunchemischen Techniken untersucht werden. Denaturierte Amyloidproteine erwiesen sich als antigen, und die erhaltenen Antiseren waren nach Absorption idiotypisch (= spezifisch für das zur Immunisierung verwendete Antigen). Sie kommen wie Bence-Jones-Proteine als monoklonale $\varkappa$- und λ-Typen vor und sind nach immunochemischen Untersuchungen und vollständigen Sequenzanalysen mit der variablen Domäne der leichten Ig-Ketten (V_L) verwandt. Die meisten Antiseren gegen vollständige leichte Ketten ($V_L \cdot C_L$) reagieren deswegen nicht mit Amyloid. Mit amyloidspezifischem Antiserum gelang bei Patienten mit Amyloidose der Nachweis von zirkulierenden Proteinen dieser Struktur im Blut, also löslichem Amyloid oder seinen Vorstufen, das allerdings nur in Konzentrationen von < 100 mg/l vorkommt [G 11].

Für die Entstehung dieser Immunglobulinfragmente kommen zwei Möglichkeiten in Betracht:

1. Primäre Synthesestörungen in einem Zell-Klon mit Deletionen im Erbgut der leichten Kette (analog zu denen in der schweren Kette bei Schwerkettenkrankheit) oder mit Balancestörung zwischen Synthese von leichten und schweren Ketten oder von V_L- und C_L-Anteilen der leichten Kette.

2. Freisetzung von V_L-Fragmenten beim proteolytischen Abbau von an sich normalen Immunglobulinen (z. B. aus Antigen-Antikörper-Komplexen in Makrophagen). Dieser Mechanismus ist wahrscheinlich bei chronischen Infekten im Vordergrund, und das dabei gefundene Amyloid weist besondere Strukturanomalien auf: Bei nodulärer Amyloidose wird Amyloid am Ort der Produktion abgelagert, vor allem in den Lungen. In vitro werden durch Spaltung von L-Ketten zwischen der V_L- und der C_L-Domäne Bruchstücke vom Molekulargewicht 4600 erzeugt, die spontan in fibrillärer Form präzipitieren, sich mit Kongorot anfärben und in polarisiertem Licht grün aufleuchten. Durch ein analoges Ereignis in vivo dürften aus Bence-Jones-Proteinen Amyloid-Vorläufer entstehen. Die Bedingungen dazu sind in der Phagozytose-Vakuole vorhanden, in der auch tatsächlich fibrilläres Material nachgewiesen wurde. Analoge Abbauprozesse in den Nierentubuli führen zu Zylinderbildung im Lumen und zu Amyloidablagerung im Parenchym. Auch die in vielen Fällen selektive Ablagerung von Amyloid im Magendarmkanal („von der Zunge bis zum Anus") könnte mit der proteolytischen Aktivität in diesen Geweben zusammenhängen.

3. Eine dritte Art Amyloid (Apud-Amyloid) soll bei Tumoren endokriner Organe vorkommen [P 4]. Es ist molekularbiologisch noch nicht aufgearbeitet.

Der allen Formen der Amyloidose gemeinsame pathogenetische Mechanismus liegt in der Ablagerung von geeigneten L-Ketten der Immunglobuline. Was unter „geeignet" zu verstehen ist, geht indirekt daraus hervor, daß bei Amyloidosen λ=-Ketten überwiegen ($\varkappa$ zu $\lambda = 3:4$, normal in Ig $= 2:1$) und daß gewisse amyloidogene leichte Ketten eine größere Gewebsaffinität haben als die nicht amyloidogenen. Bei einem Patienten wurde auch eine besondere Affinität zu bakteriellen Proteinen, die sich im Verlaufe einer Verdauungsstörung im Darmgewebe angesammelt hatten, postuliert. Schließlich konnte gezeigt werden, daß die charakteristische Hitzekoagulation der Bence-Jones-Proteine ihrer V_L-Domäne zugeschrieben werden kann: Beim Erwärmen nehmen die $\varkappa$-Ketten vor der Präzipitation β-Konfiguration an, die bei λ-Ketten ohnehin vorwiegt. Die Wiederauflösung des Präzipitats bei 100° C geht parallel mit der Solubilisierung von Amyloid-Polypeptid in der Hitze. Weitere Proteine sind als fakultative Bestandteile von Amyloidablagerungen beschrieben worden, z. B. ein α_1-Glykoprotein, das im Elektronenmikroskop charakteristische Fünfecke bildet („Plasma- oder P-Komponente"). Ferner wurden in Amyloid-Ablagerungen auch Fibrinogen, Lipoproteine und Komplement-Komponenten nachgewiesen [G 11].

Die *Klassifikation der Amyloidosen* wurde bisher vorwiegend vom pathologisch-anatomischen Gesichtspunkt aus vorgenommen. GAFNI [G 1] berücksichtigt zusätzlich auch genetische Faktoren (Tabelle 28): Pathologisch-anatomisch unterscheidet er je nach dem Ort der Ablagerung des Amyloids zwei Gruppen: Bei der *perikollagenären* Form wird Amyloid im Bindegewebsstroma akkumuliert. Die Blutgefäße, vor allem Venen, werden von außen her befallen, Amyloid findet sich in der Adventitia oder Media und drückt das Gefäß zusammen. Daraus resultiert eine Atrophie der entsprechenden Organzellen. Sie kommt bei der *klassischen primären Amyloidose* vor. — Bei der *periretikulären* Form wird Amyloid vom Lumen der Blutgefäße aus abgelagert und findet sich vor allem in der Intima und in der Media. Zuerst sind Arteriolen befallen, später auch Kapillaren und Sinusoide, aber nur selten der venöse Schenkel. Diese allgemeine Erkrankung der Blutgefäße im ganzen Körper kommt vor allem als *„sekundäre Amyloidose"* bei Erkrankungen mit monoklonalen Immunglobulinen vor.

Tabelle 28. Klassifikation der Amyloidosen (A.)[G 1]

Ätiologische Gruppe	Amyloid-Ablagerung histologisch	
	perikollagenär	periretikulär
1. Primäre A.		
1.1. Genetisch fixierte A.	Familiäre System-A. (dominant) mit Vorwiegen von:	A. bei familiärem Mittelmeerfieber (FMF) (rezessiv) (Armenier und Juden)
	– Kardiopathie (Dänen)	A. mit Urticaria und Schwerhörigkeit (dominant)
	– Neuropathie der Arme (Amerikaner)	
	– Neuropathie der Beine (Portugiesen)	
1.2. Nicht genetisch fixierte = idiopathische A.	Primäre System-A. („klassische")	Primäre System-A.: Komplexe Gruppe
2. Sekundäre A. Grundkrankheit z. B.:	Maligne Lymphome mit monoklonalen Ig	Neoplasmen chronische Infekte

Daneben wird die Art der Verteilung unterschieden: Als typisch gilt der Befall von Leber, Niere, Milz und Muskeln.

Untersuchungsgang: Die Reihenfolge der Untersuchungen zur Identifizierung von MIg folgt den allgemeinen Richtlinien (Tabelle 6) mit einigen Besonderheiten:

1. Hinweissymptome ergeben sich aus der Klinik (vermehrte Müdigkeit, Knochenschmerzen, Infektanfälligkeit) und aus den Laboratoriums-*Routine-Untersuchungen* (Anämie, hohe Senkungsreaktion, Hyperkalzämie, Proteinurie, Hyper- oder Hypoproteinämie). In der Elektrophorese ist ein schmalbasiger hoher M-Gradient von > 10 g/l im β- oder γ-Bereich ein wichtiger Hinweis (Abb. 22). Er kann bei Leichtketten- und Schwerkettenkrankheit fehlen. Die begleitende Verminderung der normalen Immunglobuline muß ebenso beachtet und darf neben der auffallenden M-Komponente nicht übersehen werden (Hinweis auf AMS).

2. Spezial-Befunde:

α) Im Urin ist sorgfältig nach Bence-Jones-Proteinen zu suchen

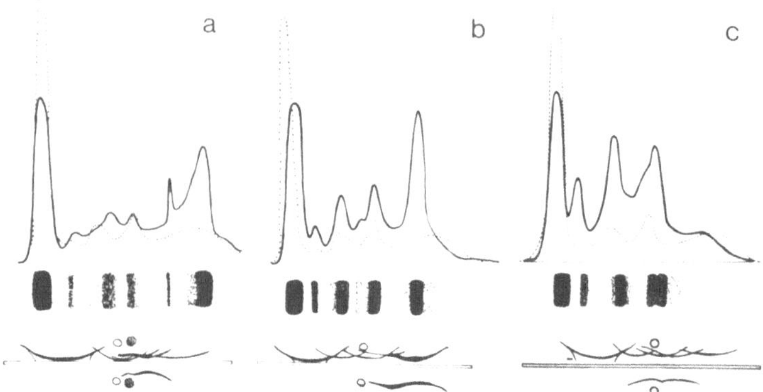

Abb. 22. Elektropherogramme mit monoklonalen Immunglobulinen

g/l	GP	Alb.	α_1	α_2	β	γ
a) Makroglob. Waldenström (IgMλ)	82	37	7	11	5	22
b) Multipl. Myelom mit IgGϰ	96	25	5	12	19	35
c) Multipl. Myelom mit IgAλ	87	20	10	22	24	11

Jeweils oben Densitometrie, verglichen mit der Normalkurve (. . . . . .), Elektrophorese-Bild, Immunoelektrophorese mit unverdünntem und ¹/₆ verdünntem Serum

(gradweise Erwärmung im Wasserbad mit häufigen Sichtkontrollen im Temperaturbereich von 70–100° C).

β) Immunochemische Untersuchungen sind bei jedem Verdacht auf MIg (klinische Hinweissymptome oder Laborergebnisse) angezeigt:

β 1) Als Übersichtsmethode ist hier die Immunoelektrophorese unentbehrlich. Sie läßt fast immer eine massive Veränderung der Ig-Präzipitate erkennen (Abb. 23). Bei hohen Konzentrationen des MIg empfiehlt es sich von Anfang an, Serumverdünnungen in der Immunelektrophorese zu verwenden (bis 1:64, s. Abb. 22).

β 2) Die einfache Doppellinienmethode [B 3] erlaubt mit hoher Wahrscheinlichkeit den Nachweis und die Identifizierung eines MIg (Abb. 24). Die oft mit typenspezifischen Antiseren (Anti-ϰ und Anti-λ) durchgeführten Immunoelektrophoresen sind zur Sicherung der Diagnose dann nicht mehr notwendig.

130

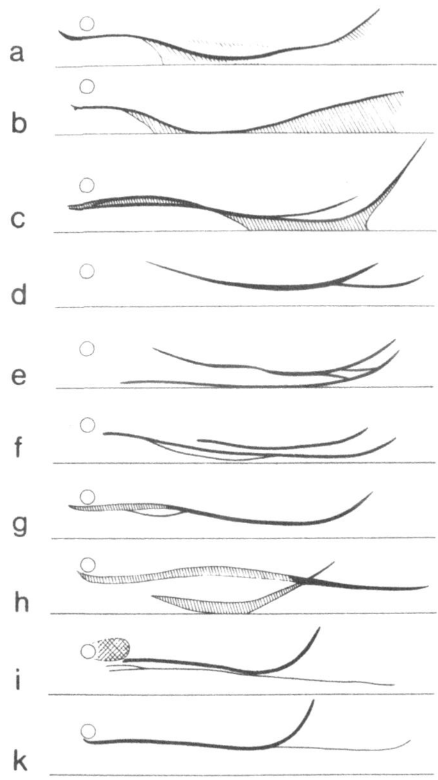

Abb. 23. Immunoelektrophorese von monoklonalen Immunglobulinen; nur pathologisch deformierte Präzipitate dargestellt: a) IgGϰ b) IgGϰ c) IgGλ d) IgGλ e) IgGϰ f) IgGϰ + Bence-Jones-Protein g) Bence-Jones-Protein (kleines Präzipitat) h) IgAϰ i) IgMϰ k) IgMλ

β 3) Schließlich wird die Konzentration jeder einzelnen Ig-Klasse mit monospezifischen Antiseren gemessen (radiäre Immunodiffusion oder andere Techniken). Damit ermittelt man einerseits die Menge des MIg, andererseits das Vorliegen eines AMS.

β 4) Bence-Jones-Proteine erfordern besondere Untersuchungs-Anordnungen: Urin wird mit typ-spezifischen (Anti-ϰ- und Anti-λ-) Antiseren qualitativ und quantitativ untersucht (Doppellinien-Methode, quantitative Immunoelektrophorese, radiäre Immunodiffu-

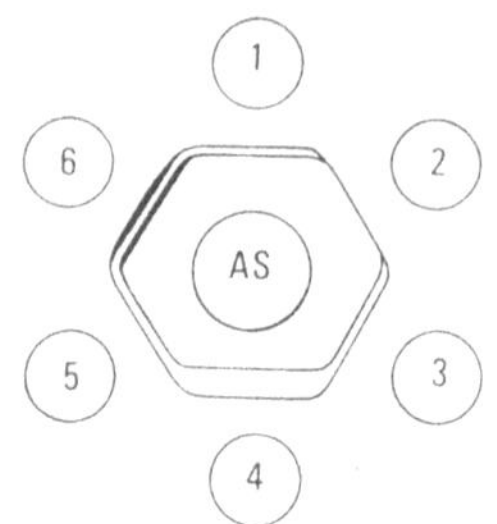

Abb. 24. Monoklonale Immunglobuline: Erkennung in der „Doppellinien-Methode" [B 3]. Zweidimensionale Immunodiffusion nach OUCHTERLONY. Im Zentrum (AS) spezifisches Antiserum Anti-$\varkappa$ + Anti-λ. Das innere Präzipitat entspricht den λ-, das äußere den $\varkappa$-Ketten.
Patientenseren in der Peripherie: 1, 3 und 5 Kontrollseren mit normalem $\varkappa$-λ-Verhältnis von 2:1.
2 = monoklonales Immunglobulin, das lediglich λ-Ketten enthält. 4 = Relationsverschiebung zugunsten der $\varkappa$-Ketten. 6 = polyklonale Vermehrung von $\varkappa$ und λ bei normaler Relation (Verstärkung beider Präzipitationslinien an normaler Stelle)

sion oder Elektroimmunodiffusion). Auch die Proteinurie pro 24 Stunden ist so zu ermitteln. Der Nachweis zirkulierender Bence-Jones-Proteine im Blut ist demgegenüber schwierig und ohne praktische Bedeutung.

β 5) Für die Erkennung inkompletter Immunglobuline sind spezielle Antiseren notwendig, die nicht allen Laboratorien zur Verfügung stehen: gegen das Fab- oder das Fc-Stück, gegen die „hinge region", oder sogar idiotypische Antiseren, die gegen das individuelle Protein des Patienten eigens hergestellt wurden. Deswegen soll ein mit den unter β 1) bis β 4) genannten Mitteln nicht typisierbares Immunglobulin bei Verdacht auf MIg zur weiteren Untersuchung an ein hochspezialisiertes Labor geschickt werden; alle Neuentdeckungen der letzten Jahre sind durch derartige spezielle Abklärungen ermöglicht worden [F 6].

β 6) Zellständige Oberflächenimmunglobuline können ebenso wie die plasmatischen nach Klassen und Typen differenziert werden. Die zurzeit nur in wenigen Forschungslaboratorien durchgeführten Untersuchungen sollten wegen ihrer großen Aussagekraft in Zukunft zur Identifizierung maligner Lymphome häufiger angewendet werden [S 13].

β 7) Ausgedehnte proteinchemische Untersuchungen bis zur Abklärung der Aminosäurensequenz sind außerordentlich aufwendig und deswegen — wohl auf unabsehbare Zeit — auf spezielle Forschungsprojekte einzelner Forschungslaboratorien beschränkt.

γ) Zusätzliche Untersuchungen richten sich nach den im Vordergrund stehenden klinischen Symptomen und bis zu diesem Punkt ermittelten Laborwerten. Sie können in Anlehnung an Tabelle 27 umfassen: Röntgenbilder des Skeletts (Osteolyseherde, Osteoporose). − Messung der Serum- oder Plasmaviskosität mit dem Viskosimeter (s. S. 10), rheologische Untersuchungen, z. B. Kapillarmikroskopie bei Raynaud-Syndrom, Ophthalmoskopie. Spezielle Gerinnungsuntersuchungen. Spezielle hämatologische Untersuchungen (bei Zytopenien). Neurologische Abklärung. − Nephrologische Ergänzungen. − Austestung der Temperaturlabilität (Kälte und Wärme) von Plasma- und Urinproteinen. − Messung von Antikörper-Aktivität und -Spezifität (gegen körpereigene Organe oder Proteine). − Weitere Abklärung des Begleit-AMS (s. S. 171). − Elektrolytuntersuchungen.

Klinische Stadieneinteilung und Prognose des multiplen Myeloms.
Bei verschiedenen Malignomen (Karzinomen, Lymphogranulomen u. a.) hat sich die Einteilung in klinische Stadien prognostisch und therapeutisch bewährt. Eine analoge Beurteilung wurde auch für die Myelome vorgeschlagen [D 6]. Sie stützt sich auf zell- und proteinkinetische Untersuchungen an einzelnen Patienten, die zur Bestimmung der Tumorzellmasse und ihrer Proliferationsdynamik dienten [A 5, D 6, S 1]. Aus diesen sehr anspruchsvollen Forschungsuntersuchungen konnten einfache Kriterien für die Praxis abgeleitet werden; danach sind für die Berechnung der Tumorzellmasse folgende klinische Größen zu berücksichtigen (Tabelle 29):

− 1. Hämoglobinwert.
− 2. Serumcalciumkonzentration.
− 3. Ausmaß der Knochenläsionen.
− 4. MIg-Konzentration im Blut und/oder im Urin.

Die Tumormasse oder „Tumorlast" (tumor load) wird aufgrund der 4 Kriterien einer von 3 Gruppen zugeordnet (kleine, intermediäre, große Masse).
Die geschätzte Tumorlast bestimmt die Intensität der notwendigen Therapie und erlaubt im weiteren Verlauf die Beurteilung des Erfolgs. Ferner ist die Depression der normalen Immunglobulinsynthese und des daraus resultierenden Antikörpermangelsyndroms zu berücksichtigen (s. S. 170).

Tabelle 29. Klinische Stadien-Einteilung der multiplen Myelome [D 8]

Kriterien	Stadium I	Stadium II	Stadium III
1. Hämoglobin g%	<10		<8,5
2. Serum-Calcium mg%	≤12		>12
3. Knochen-Röntgen	maximal ein Plasmozytom-herd	Zwischen Stadium I und Stadium III	fortgeschrittene und zahlreiche Lyseherde
4. MIg-Gradienten			
a. IgG	<50 g/l		> 70 g/l
b. IgA	<30 g/l		>50 g/l
c. Urin-MIg	<4 g/24 Std		>12 g/24 Std
Tumor-Zell-Masse × 10^{12}/m²	<0,6 „gering"	0,6–1,2 „intermediär"	>1,2 „groß"

Therapie bei MIg. Zahlreiche Faktoren sind bei der Indikationsstellung zur Behandlung vom Kliniker zu berücksichtigen. Wegen mangelnder Einigkeit darüber sind die bisher mitgeteilten Therapieergebnisse nicht miteinander vergleichbar. Die neue Stadieneinteilung [D 6] dürfte eine wesentliche Vereinheitlichung erlauben. Darin nicht berücksichtigte zusätzliche Faktoren (Alter, Komplikation durch andere Leiden, ethische Gesichtspunkte etc.) können nur vom Kliniker beurteilt werden.

Die Therapie basiert vor allem auf den Zytostatika zur Reduktion der Tumormasse, worauf nicht weiter einzugehen ist (Übersicht s. [F 3]). Dagegen sollen hier von der Molekularbiologie abgeleitete Möglichkeiten der symptomatischen Therapie erwähnt werden: Bei Kryoglobulinämien gab RITZMANN [R 6] Mercaptane (z. B. Penicillamin), welche Disulfidbindungen spalten und dadurch das große IgM-Molekül und seine Aggregate verkleinern können. Eine Verminderung der Kälteempfindlichkeit war bei wenigen Patienten nachzuweisen. Bei dem ebenfalls oft durch Kryoglobuline bedingten Hyper-Viskositäts-Syndrom hat sich die Plasmapherese bewährt, die oft lebensrettend ist und immer unmittelbar symptomatisch wirkt (sofortige Behebung von Sinnesorgan- und Bewußtseinsstörungen, Erwachen aus komatösem Zustand etc.).

Die Therapie der Amyloidose ist bis jetzt entmutigend, da kein Mittel zur Wiederauflösung des abgelagerten Amyloids bekannt ist. Nach der Pathogenese kann man sich jedoch drei prophylaktische Ansatzpunkte vorstellen: 1. Bei der Synthese; 2. Bei der Verbreitung der Präkursoren; 3. Bei der Ablagerung der Fibrillen.

Die zytostatische Therapie hat zweifellos Remissionen (zu 1) und Verzögerungen (zu 2 und 3) gebracht, und ebenso dürfte die antiinfektiöse Therapie oft eine ungünstige Entwicklung chronischer Infekte aufhalten. — Empirische Versuche einer Wiederauflösung bereits abgelagerten Amyloids durch Gabe von Colchicin, Penicillamin oder Azathioprin werden teils optimistisch geschildert, können aber langfristig noch nicht beurteilt werden.
Die gegenwärtig in manchen Blutspendezentren praktizierte Hyperimmunisierung von freiwilligen Versuchspersonen zur Gewinnung von menschlichen Hyperimmunseren (Tabelle 19) erscheint in diesem Zusammenhang bedenklich. In Analogie zu Versuchstieren muß vorausgesagt werden, daß diese Personen durch den chronischen oder wiederholten Antigenreiz einem erhöhten Risiko der lymphoproliferativen Entgleisung oder der Amyloid-Bildung ausgesetzt werden.

2.1.2.2. Familiäre Hyperlipoproteinämien

Aufgrund eines sehr großen Patientengutes und ausführlicher Untersuchungen mit den drei wichtigsten Methoden der Lipoprotein-Analyse schlug FREDERICKSON [F 9] eine Einteilung der Hyperlipoproteinämien in 5 (oder 6) Typen vor, die seither allgemein übernommen worden ist und sich in der Klinik bewährt hat. Diese „familiären Hyperlipoproteinämien" sind charakterisiert durch Konzentrationserhöhung einer oder mehrerer Klassen der bekannten oder durch das Auftreten anomaler Lipoproteine. Die Muster werden vererbt; auf diese Art ist die Gruppe von den sekundären Hyperlipoproteinämien abzutrennen, unter denen man identisch aussehende Anomalien im Gefolge zahlreicher andersartiger Grundkrankheiten versteht (s. S. 193).

Tabelle 30. Familiäre Hyperlipoproteinämien. Einteilung nach FREDERICKSSON [F 9, S 7]

Typ	Bezeichnung/Grundstörung	Klinik	Labor	Risiko Gefäß-Krankheit	Therapie diätetisch	medikamentös	Erfolg
I	Familiäre Hyperchylomikronämie = Lipoprotein-Lipasemangel	Hepato-Splenomegalie Bauchschmerzen, Pankreatitis; Plasma (Blut)lipämisch	Serum klar, aufrahmend, $\omega\uparrow\uparrow$	$\pm$	<30 Fett/tgl. MCT-Fett	0	gut
II	Familiäre Hyper-β-Lipoproteinämie	Xanthome Heterozygote: junge Erwachsene Homozygote: Kinder	Serum klar $\beta\uparrow\uparrow$ LDL$\uparrow$ LDL$\uparrow\uparrow$	++ +++	Kalorienarm, Cholesterin <300 mg/tgl., ungesättigte Fett-Säuren	Cholestyramin Nicotinsäure	mäßig $\emptyset$
III	Familiäres „breites β-Lipoprotein"	Xanthome an Handflächen	Serum trüb, aufrahmend, $\beta\uparrow\uparrow$ und stark verbreitert	+++	Kalorienarm Cholesterin <300 mg/tgl.	Clofibrat Nicotinsäure D-Thyroxin	mäßig
IV	Familiäre Hyper-Prä-β-Lipoproteinämie = kohlenhydratabhängige Hyperlipoproteinämie	Keine klinischen Frühzeichen; Kombination mit Glucoseintoleranz und Hyperurikämie	Serum trüb Prä-$\beta\uparrow\uparrow$	+	Kalorienarm Kohlenhydrate $\downarrow$ ungesättigte Fettsäuren $\uparrow$	Clofibrat Nicotinsäure	gut gut
V	Gemischte familiäre Hyperchylomikron- und Hyper-Prä-β-Lipoproteinämie	Hepatosplenomegalie, Bauchschmerzen, Pankreatitis, Hyperurikämie, nicht-ketotischer Diabetes	Serum trüb, aufrahmend, ω und β $\uparrow\uparrow$	$\pm$	Kalorienarm Kohlenhydrate Fett< 70 g/tgl.	Clofibrat Nicotinsäure	mäßig

Die wichtigsten Charakteristika der fünf Typen der familiären Hyperlipoproteinämie sind in Tabelle 30 zusammengestellt. Dazu sind folgende Bemerkungen zu machen [F 9, S 7].

Typ I: Familiäre Hyperchylomikronämie mit Mangel an Lipoproteinlipase: Nur die Homozygoten sind klinisch befallen. Die Krankheit ist sehr selten (32 Fälle [F 9]). Wegen Mangel an Lipoproteinlipase können aus den Chylomikronen nicht genügend Triglyceride abgespalten werden. Das Blut, Serum oder Plasma ist schon von Geburt an sichtbar lipämisch, d. h. homogen weiß-milchig getrübt. Schon im ersten Jahr entwickelt sich eine Hepatosplenomegalie; Schübe von Pankreatitis und heftige Attacken von Leibschmerzen sind häufig. Die Behandlung (drastische Reduktion des Nahrungsfetts und/oder Ersatz durch Fett-Präparate aus Triglyceriden mittlerer Kettenlänge medium chain triglycerides = MCT) ist einfach und wirksam. Die Prognose ist gut.

Typ II: Bei der familiären Hyper-β-Lipoproteinämie zeigen die seltenen Homozygoten die gleichen Symptome stärker ausgeprägt als die viel häufigeren Heterozygoten. Lipide werden in Xanthomen und Blutgefäßen abgelagert. Die Homozygoten sterben schon im Kindesalter an koronarer Herzkrankheit, die Heterozygoten ohne Behandlung im jungen Erwachsenenalter. Therapeutisch wird Gabe mehrfach ungesättigter Fettsäuren und strikte Einschränkung der alimentären Cholesterin-Zufuhr empfohlen, was für den Patienten recht einschneidend ist; zusätzlich werden cholesterinsenkende Medikamente gegeben. Leider sind die Erfolge aber nur mäßig.

Typ III: Hyperlipoproteinämie mit „breitem β": In der Lipoprotein-Elektrophorese verschmilzt die stark verbreiterte β- mit der Prä-β-Bande; dies kommt dadurch zustande, daß LDL-Lipid-Komplexe die elektrophoretische Mobilität von VLDL annehmen. Diese Patienten leiden an kutanen Xanthomen und an Gefäßerkrankungen, denen sie schon im frühen Alter erliegen. Das Risiko ist für Männer deutlich größer als für Frauen, und es bestehen Anzeichen für eine vertikale Übertragung von Mann zu Mann. Die diätetische Behandlung ist mäßig erfolgreich. Sie strebt Gewichtsabnahme und geringe Cholesterin-Zufuhr an.

Typ IV: Hyper-Prä-β-Lipoproteinämie = kohlenhydratabhängige familiäre Hyperlipoproteinämie: In der Elektrophorese und in der Ultrazentrifuge findet man isolierte Vermehrung der Prä-β-Lipoproteine sehr niedriger Dichte (VLDL). Die gleichen Patienten haben oft eine verminderte Glucosetoleranz und eine Hyperurikämie. Durch sehr rigorose Kohlenhydratverminderung in der Diät und durch Gewichtsreduktion kann die Hyperlipidämie beherrscht werden.

Typ V: Gemischte Form von Hyperchylomikronämie und Hyper-Prä-β-Lipoproteinämie. Die Abgrenzung gegen Typ IV ist nicht ganz scharf, möglicherweise handelt es sich lediglich um verschiedene Phänotypen. Die Patienten leiden unter Leibschmerzen und rezidivierender Pankreatitis. Man findet Hepatosplenomegalie, häufig Hyperurikämie, bei $^3/_4$ einen nicht-ketotischen Diabetes oder Anzeichen von Hyperinsulinismus. Das Arterioskleroserisiko ist nur mäßig erhöht, die Therapie ist (wie beim Typ IV) wenig erfolgreich.

Untersuchungsgang (Tabelle 30). Die Routine-Untersuchungen (Tabelle 6) tragen zur Entdeckung oder Abklärung der familiären Hyperlipoproteinämie kaum bei.

Bei den heutigen Gepflogenheiten wird in der Klinik gewöhnlich zuerst die Hyperlipidämie entdeckt (Cholesterin- oder Triglycerid-Erhöhung bei Routinekontrolle oder veranlaßt durch die Beobachtung von auffallend trübem oder aufrahmendem Serum). Die Normgrenzen der Lipidkonzentration sind ziemlich willkürlich fixiert und nicht für jede Population identisch. Als Grenzwerte gelten: Cholesterin > 2,5 g/l oder Triglyceride > 2 g/l. Bei den meisten Patienten und in der Praxis des nichtspezialisierten Arztes genügen diese Befunde. Bei mäßigen Erhöhungen wird man vor Einleitung weiterer Untersuchungen diese zwei Lipide erneut bestimmen, unter Umständen nach einer 2–3wöchigen Diät mit reduziertem Kalorien- und Fettgehalt.

Nur bei massiven Erhöhungen (> 10 g/l) und fehlendem Erfolg der diätetischen Maßnahmen wird man zur nächsthöheren Stufe der Abklärung weitergehen, wobei zugleich die Überweisung an einen Spezialisten zu erwägen ist; sie erfordert die elektrophoretische Charakterisierung der Lipoproteine und die quantitative chemische Messung der vier Lipidkomponenten: Triglyceride, Cholesterin, Cholesterinester und Phospholipide. Die Ergebnisse dieser Untersuchung, zusammen mit den klinischen Angaben (vor allem auch Familienuntersuchungen!), erlauben gewöhnlich die Sicherung der

Diagnose, so daß Ultrazentrifugenuntersuchungen nur in Ausnahmefällen oder für spezielle Forschungszwecke notwendig sind.

Die frühere Sicherheit in der Beurteilung von Lipoprotein-Befunden ist aufgrund der wachsenden klinischen Erfahrungen ins Wanken geraten; gerade FREDERICKSON, der bahnbrechende Vorkämpfer auf diesem Gebiet, rät neuerdings zur Zurückhaltung [F 8], weil die Einordnung in die 5 (oder 6) Typen auf technische, genetische und finanzielle Schwierigkeiten stoße und für eine adäquate Therapie entbehrlich sei.

2.2. Sekundäre Störungen = Reaktive Anomalien

In diesem Abschnitt werden alle Störungen zusammengefaßt, die primär nicht das Blutorgan und im besonderen nicht die Synthese der Plasmaproteine betreffen, sondern auf einem andersartigen pathologischen Grundprozeß beruhen. Die beobachteten Veränderungen von Plasmaproteinen sind einerseits Folge solcher Schäden, anderseits Reaktionen dagegen. Beide sind unspezifisch und an sich monoton. Allerdings resultieren aus den gemischten Plasmaproteinveränderungen charakteristische Kombinationen, die in den folgenden Kapiteln zusammengefaßt werden.

2.2.1. Hypoproteinämie

Die Bestimmung des Gesamtproteins gibt die erste wichtige Grundinformation. Fehlerquellen müssen nach Möglichkeit ausgeschlossen werden (s. S. 25). Wenn eine anhaltende, nicht durch passagere Veränderungen der Volämie bedingte Verminderung des Gesamt-Proteinwertes gesichert ist, muß systematisch nach ihrer Ursache gesucht werden.
Hypoproteinämie ist lediglich ein Symptom, das aber so sinnfällig und so einfach meßbar ist, daß die Zusammenfassung der Krankheiten, bei denen es ganz im Vordergrund steht, sich aufdrängt. Dagegen werden Zustände, bei denen Hypoproteinämie ein Neben-Befund ist (wie Entzündungen, Leberleiden u. a.), in anderen Kapiteln behandelt.

Das auffallendste klinische Zeichen bei Hypoproteinämie ist das Ödem, oft kombiniert mit Höhlenergüssen. Im allgemeinen wird angenommen, daß es unterhalb einer Protein-Grenzkonzentration von 45 g/l zur Ödembildung kommt [F 1]. Diesen Wert kann man als Richtzahl gelten lassen. Entscheidend ist aber nicht die Proteinkonzentration, sondern der kolloidosmotische Druck des Plasmas und dessen Gefälle gegenüber dem extravaskulären Raum. So ist auch die Angabe, daß bei einem onkotischen Druck von < 20 mm Hg Ödeme entstehen, nicht allgemein gültig: Bei Patienten mit Analbuminämie wird erst bei Absinken auf < 10 mm die Wasserretention im Gewebe manifest; dem geringeren onkotischen Druck wirkt bei diesen Patienten eine Herabsetzung des Kapillardrucks entgegen, der die Vis a tergo für den Flüssigkeitsaustritt aus den Kapillaren bildet. Das Schema von LANDIS [L 1] über den Kreislauf der Flüssigkeit zwischen intra- und extravaskulärem Raum im Kapillarbereich wird diesen neuen Messungen immer noch gerecht. Der onkotische Druck, der ausschließlich von der Anzahl Moleküle pro Liter

Tabelle 31. Hypoproteinämie

1. Exogen bedingte (alimentäre) Hypoproteinämie
   1.1. Marasmus (Protein-und Kalorien-Mangel)
   1.2. Kwashiorkor, Mehlnährschaden (Proteinmangel)
   1.3. Hunger-Zustände
2. Endogen bedingte Hypoproteinämie
   2.1. Bei Malabsorption
      2.1.1. Enzymmangel: Mukoviszidose, Disaccharidasemangel
      2.1.2. IgA-Mangel, α-Schwerketten-Krankheit
      2.1.3. Zöliakie-Syndrom
      2.1.4. Infektiöse Malabsorption
      2.1.5. Infestation (besonders Giardia lamblia)
   2.2. Bei *Protein-Verlust-Syndrom* (PVS)
      2.2.1. *Renales PVS:* nephrotisches Syndrom
      2.2.2. *Enterales PVS*
         2.2.2.1. primäres: bei Enteropathie
                     bei Lymphangiektasie
         2.2.2.2. sekundäres: bei nephrotischem Syndrom
                     bei Herzinsuffizienz u. a.
      2.2.3. *Kutanes PVS:* nässende Dermatosen
                         Verbrennungen
      2.2.4. *Exsudatives PVS:* Verlust in Körperhöhlen und -organen

Wasser bestimmt wird, kann direkt gemessen oder aufgrund der Molekulargewichte der beteiligten Proteinfraktionen berechnet werden. Tatsächlich zeigen die Patienten mit Analbuminämie eine selektive Vermehrung kleinmolekularer Proteine.

Die Ätiologie des Symptoms Hypoprotenämie ist mannigfaltig, und zur schematischen Einteilung sind deswegen Vereinfachungen unumgänglich. Für Tabelle 31 ist angenommen, daß die Protein-Synthese nicht gestört sei, was bei fortgeschrittenen Erkrankungen infolge sekundärer Leber-Störung oft unrichtig ist (s. S. 177). Bei den meisten hier besprocheen Leiden ist die Grundkrankheit erkennbar und für die Behandlung maßgebend.

2.2.1.1. Exogen bedingte Hypoproteinämie (Protein-Hunger)

Die durch exogenen Mangel an Nahrungsprotein bedingten Zustände sind in sämtlichen Hungergebieten der Welt weit verbreitet. Bei uns sind sie selten geworden und meist mit anderen Krankheiten kombiniert (psychisch ausgelöste Anorexie oder enterale Malabsorption). Reine Eiweißhungerzustände, wie sie im Tierexperiment produziert werden können, kommen beim Menschen nur bei fanatischen Vegetariern vor. Alle klinisch beobachteten Proteinmangelkrankheiten sind mit einer Vielzahl anderer Karenzsymptome (Fett-, Eisen-, Vitaminmangel u. a.) kombiniert, die zu einer farbigen Symptomatologie führen können.

Die Mangeldystrophie der Kinder ist wegen der damit verbundenen Störungen von Wachstum und Entwicklung besonders wichtig (Tabelle 32). Man unterscheidet 3 Grade mit Gewichts-Defiziten von (I) 15–25%, (II) 25–40% und (III) über 40% des altersentsprechenden Normalgewichtes. In Entwicklungsländern weisen 3–5% aller Kinder eine Dystrophie vom Grad III und bis zu 70% von Grad I und II auf. Beim Marasmus ist die Einnahme von Proteinen und Kalorien ungenügend, beim Kwashiorkor nur die von Proteinen, während Kohlenhydrate in genügender oder übermäßiger Menge zugeführt werden. Die Bezeichnung der häufigen Kombination beider Zustände als „marastischer Kwashiorkor" fördert die theoretische Klarheit zwar nicht, ist in der Praxis aber wichtig. Der seinerzeit von CZERNY erkannte und ausführlich beschriebene „Mehlnährschaden" kann als der „Kwashiorkor unserer Breitengrade" bezeichnet werden. Chronischer Proteinmangel im 1.–3. Jahr

Tabelle 32. Formen der Unterernährung im Kindesalter

	Marasmus	Kwashiorkor
Pathogenese:		
Proteinmangel	+	+
Kalorienmangel	+	−
Infekt/Infestation	+	+
Klinik:		
Wachstums-Verzögerung	+ +	+
Verschwinden der Fettreserven	+ +	−
Ödeme	−	+ +
Pigment-Verschiebungen	(+)	+ +
Hautaffektionen	+	+ +
Apathie	−	+ +
Anorexie	+	+ +
Leber-Vergrößerung	(+)	+
Prognose	gut	schlecht
Protein-Veränderungen		
Albumin g/l	>30	<30
β-Lipoprotein	↓	↓↓
γ-Globulin	↑	↑, no, ↓
Adenosin-Deaminase	no	ev. ↓↓

führt zu irreversibler Beeinträchtigung der Entwicklung des Gehirns und der Muskulatur.

Die Hypoproteinämie ist vorwiegend durch Albuminverminderung bedingt. Sie kann durch gleichzeitige Exsikkose kaschiert sein, und deswegen ist die Gewichtskontrolle besonders wichtig. Das γ-Globulin kann ebenfalls weit unter der Norm liegen, ist aber bei Patienten in tropischen Ländern als Reaktion auf Infekte und Parasiteninfestation viel häufiger stark vermehrt. Die α_2-Globuline sind ebenfalls meist erhöht (Reaktion der akuten Phase).

Symptome von Polyavitaminosen sind häufig: pellagra-ähnliche Hautveränderungen, Zeichen von Beriberi, Xerophthalmie und Blutungsneigung. Eisenmangel führt regelmäßig zur Anämie. Zeichen der Malabsorption können die Krankheit verstärken, und Durchfall erzeugt zusätzlichen Proteinverlust [B 11]. Intoleranz gegenüber Lactose und anderen Stoffen führt oft zu Schwierigkeiten beim Ernährungsaufbau. Zur Infektanfälligkeit kann eine Störung der Phagozytosefunktion beitragen, die ihrerseits wieder durch Hypo-γ-Globulinämie, Depression der Antikörperbildung und Mangel an Komplementfaktoren bedingt ist. Bei hochgradigem Kwashiorkor wurde auch eine Verminderung bis zur schweren Atrophie des lymphatischen Systems mit erworbenem kombinierten Immunmangel [W 8] beobachtet, der auf einen erworbenen Mangel an Adenosindeaminase zurückgeht (vgl. S. 97). Die typische rötliche Haarverfärbung bei Kwashiorkor ist eine Folge der verminderten Phenoloxydaseaktivität.

Prognose und Ansprechen auf die Therapie sind beim Marasmus relativ gut, beim Kwashiorkor bedeutend ungünstiger. Das kritische Zeichen für eine nicht zu beherrschende Entwicklung des Kwashiorkor ist Abfall der Albuminkonzentration auf < 30 g/l [W 10]. Entscheidend ist der Grad der Leberverfettung, der mit einer β-Lipoprotein-Verminderung parallel geht; Palpation der Lebergröße genügt deswegen zur Kontrolle des Zustandes und seiner Besserung nach Behandlung.

Erfahrene Forscher auf dem Gebiet haben oft weitgehend resigniert: Komplizierte Untersuchungen haben wenig zum Verständnis der Pathogenese beigetragen. Für die Beurteilung genügen einfache klinische Befunde (Größe, Gewicht, Ödeme, Lebergröße). Vor allem sind alle therapeutischen Anstrengungen solange frustrierend, als die sozio-ökonomischen Grundprobleme ungelöst bleiben.

Die Hungerkrankheit im üblichen Sinne ist das Eiweißmangelsyndrom des Erwachsenen. Sie wurde vor allem bei Insassen von Konzentrationslagern eingehend studiert [F 1]. Bei Gewichtsverlusten um 50% war das Blutvolumen, umgerechnet auf das aktuelle Körpergewicht, vermehrt, in absoluten Werten oder bei Berechnung auf das Sollgewicht nur wenig vermindert, während der Hämatokrit stark erniedrigt gefunden wurde. Es bestand also eine relative Vergrößerung des Plasmavolumens mit ausgesprochener Hydrämie. Die gesamte im Blut zirkulierende Proteinmenge ist infolgedessen nur wenig oder gar nicht reduziert. Demgegenüber ist die intrazelluläre Flüssigkeitsmenge stark vermindert; parallel damit ist die Gesamtkaliummenge reduziert, die Natriummenge normal oder bei Ödemen vermehrt. Die oft übermäßige Salzzufuhr begünstigt die Ödementstehung. Vielfach wird angegeben, daß Ödeme nach körperlicher Anstrengung, z. B. nach Marschleistungen, plötzlich auftreten. Diese Erscheinung ist nur aufgrund einer veränderten Kapillarpermeabilität zu verstehen, da beim gesunden Menschen die Gesamtproteinkonzentration im Serum nach Muskelarbeit ansteigt.

Bei Anorexia mentalis findet man klinisch die Zeichen der Hungerkrankheit, die aber nicht durch äußeren Zwang, sondern durch psychische Faktoren bedingt ist. Als wesentlicher Unterschied fehlt die Hydrämie und die Vermehrung des Plasmavolumens infolge der gleichzeitig eingehaltenen Einschränkung der Flüssigkeitszufuhr.

2.2.1.2. Endogen bedingte Hypoproteinämie

Ihr können zwei Ursachen zugrunde liegen: unvollständige Resorption von Proteinbausteinen aus dem Magen-Darmkanal oder Verlust von körpereigenen Proteinen nach außen oder in Körperhöhlen.

2.2.1.2.1. Malabsorptions-Syndrome. Darunter versteht man Leiden aufgrund mangelhafter Resorption einer quantitativ und qualitativ genügenden Nahrung. Die Ursachen sind einerseits kongenitale oder erworbene Mangel-Zustände (Disaccharidasen, IgA-Mangel u. a.), andererseits enterale Allergien (z. B. auf Gliadin). Infekte und Parasiteninfestationen mit sekundärer Schleimhautschädigung spielen vor allem in tropischen Ländern eine wichtige ätiologische Rolle. Mikroskopische und chemische Stuhluntersuchung, metabolische Belastungsproben und die perorale Dünndarmschleimhaut-Biopsie sind die entscheidenden diagnostischen Maßnahmen.

Die Veränderungen der Plasmaproteine sind mannigfach und uneinheitlich. Sie werden weniger durch die mangelhafte Proteinresorption als durch Begleitymptome der Grundkrankheit bestimmt: Akuter massiver Durchfall führt zu Hypovolämie und zu einer täuschenden Normalisierung oder sogar Erhöhung des Gesamtproteins; Infekte lösen Reaktionen der akuten Phase und der subakuten oder chronischen Entzündung aus; die sehr häufige Steatorrhoe führt zu Verminderung der Lipoproteine und der gesamten Blutlipide. Alle diese unspezifischen Veränderungen erlauben keine ätiologische Diagnosestellung, zeigen aber den aktuellen Zustand auf und geben wertvolle Hinweise auf notwendige therapeutische Maßnahmen. — Eine einzige Veränderung wird so häufig angetroffen, daß ihr ein beträchtlicher diagnostischer Wert (wenn auch keine Spezifität) zukommt: IgA ist bei ausgedehnten Zerstörungen der Dünndarm-

144

schleimhaut im Blut oft erhöht. Dieses sekretorische Immunglobulin der Schleimhäute wird durch einen Hilfsmechanismus, die in der Epithelzelle produzierte sekretorische Komponente, aus der submukös gelegenen Plasmazelle in das Lumen des Magen-Darmkanals befördert. Bei Erkrankung und partieller Zerstörung der Epithelzellen steht nicht genügend sekretorische Komponente zur Verfügung, das IgA wird in den Blutstrom zurückgestaut, und seine Konzentration steigt an. Aus einem Rückgang der IgA-Konzentration nach adäquater diätetischer Behandlung kann man auf Normalisierung der Dünndarmschleimhaut schließen.

2.2.1.2.2. *Proteinverlust-Syndrome.* Bei Patienten mit chronischer Hypoproteinämie konnte einerseits keine Synthesestörung, anderseits ein zu schnelles Verschwinden von exogen zugeführtem Protein nach Plasmainfusion gezeigt werden. Man mußte deswegen einen beschleunigten Verbrauch der Proteine annehmen, und exakte Bilanz-Messungen [A 4] erbrachten tatsächlich den Beweis, daß Albumin beschleunigt umgesetzt wird, während seine Syntheserate nicht vermindert ist. In der Folge hat sich dieser Befund bestätigt; mit radioaktiv markiertem Albumin und anderen Proteinen sind exakte Messungen möglich.

Mit diesen Methoden konnte nachgewiesen werden, daß die Proteine primär nicht abgebaut werden, sondern als ganze Moleküle aus der Zirkulation verloren gehen, d. h. daß die als normaler „Verschleiß" bezeichneten physiologischen Verluste an inneren und äußeren Körperoberflächen (s. S. 68) krankhaft übertrieben sind. Man faßt diese Veränderungen als Protein-Verlust-Syndrome zusammen. Je nach dem Ort des Proteinverlustes entstehen charakteristische Krankheiten und Proteinogramme:

Renales Proteinverlust-Syndrom. Seit Bright wird Proteinurie als ein Kardinalsymptom von Nierenleiden angesehen. Früher wurde vielfach vermutet, daß Uroproteine im allgemeinen, und die beim nephrotischen Syndrom ausgeschiedenen im besonderen, abwegige oder denaturierte Blutproteine seien, daß also die Proteinurie eine Folge der bei Patienten mit Nierenleiden vorliegenden Dysproteinämie sei. Vielfach wurde auch hier von „Paraproteinen" gesprochen, was die Verwirrung noch erhöhte und was unbedingt abzulehnen ist (s. Diskussion über MIg, S. 118). – Mit immunochemischen Untersuchungsmethoden konnten keine Struktur-Unterschiede zwischen Proteinen im Blut und Urin gefunden werden (Ausnahme: Bence-Jones-Proteine). Zudem erschienen radioaktiv markierte Proteine, die in die Blutbahn injiziert wurden, unverändert im Urin. Heute besteht daher kein Zweifel, daß die Dysproteinämie bei Patienten mit Nierenleiden eine Folge und nicht die Ursache der Proteinurie ist (über spezifische Uroproteine s. S. 196).

Die Rolle der Niere im normalen Katabolismus von Plasmaproteinen wurde früher besprochen (s. S. 69). Demnach gehen geringe Mengen von Plasmaproteinen durch glomeruläre Filtration in den Primärharn verloren; sie werden normalerweise im Tubulusapparat durch Pinozytose wieder aufgenommen, abgebaut und rückresorbiert.

Pathologische Störungen können jeden dieser Prozesse separat betreffen; dementsprechend kann man eine glomeruläre von einer tubulären Proteinurie unterscheiden (Tabelle 33). Der ersteren liegt eine erhöhte Permeabilität der Glomerulumkapillaren zugrunde, so daß die Quantität der Plasmaproteine im Primärharn die Abbaukapazität des Tubulusapparates übersteigt. Dagegen beruhen tubuläre Proteinurien auf Stoffwechselstörungen der Tubulusepithelien, die auch normale Filtrationsmengen von Plasmaproteinen nicht mehr aufnehmen und/oder verdauen können. Zur Differenzierung zwischen glomerulärer und tubulärer Proteinurie genügt die Messung

Tabelle 33. Differentialdiagnose der Proteinurien

	Glomeruläre Proteinurien	Tubuläre Proteinurien
Grundstörung	Permeabilität der Glomerulum-Kapillare	Stoffwechsel der Tubulus-Epithelzelle
Proteinurie		
– quantitativ	meist > 40 mg/m^2 /24 Std	$> 4 < 40$ mg/m^2/24 Std
– qualitativ	selektiv: Albumin/Globulin-Quotient > 1	nicht selektiv: Albumin/Globulin-Quotient < 1
– β_2-Mikroglobulin	$\downarrow$	$\uparrow$ (bis 50 × Norm)
Plasmaproteine:	typische Dysproteinämie	keine Dysproteinämie
– β_2-Mikroglobulin	t/2 verlängert	t/2 normal

146

der gesamten Proteinmenge pro 24 Stunden und ihrer Verteilung auf die elektrophoretischen Fraktionen (s. Tabelle 33). Neuerdings wurde mit kombinierten immunochemischen und radiometrischen Methoden auch quantitativ bewiesen, daß diese Vorstellung korrekt ist [W 5]. Das Schicksal von kleinen Molekülen wurde mit markierten leichten Ig-Ketten (λ), das von mittelgroßen Molekülen mit IgG verfolgt. Normale Kontrollpersonen setzen davon um: 22,3%/Std der leichten Ketten und 0,28%/Std des zirkulierenden IgG. Im Primärharn wurden das gesamte IgG und 99% der λ-Ketten katabolisiert, d. h. im Tubulus abgebaut und rückresorbiert, und nur 1% der λ-Ketten erscheinen intakt im Urin. — Bei Patienten mit tubulären Nierenerkrankungen ist der Verlust an kleinmolekularen Proteinen (15–40000 Dalton) etwa 50 mal so groß, aber die Halbwertszeit im Blut ist sowohl für IgG als auch für λ-Ketten normal, d. h. lediglich die tubuläre Rückresorption ist vermindert. Umgekehrt ist bei Patienten mit nephrotischem Syndrom die Halbwertszeit des IgG stark verkürzt, aber diejenige der λ-Ketten sogar etwas verlängert: dies bestätigt, daß die Grundstörung bei der erhöhten Permeabilität des Glomerulums für Plasmaproteine liegt. Schließlich ist bei Patienten mit Urämie die Halbwertszeit von IgG normal, die von λ-Ketten 10fach verlängert, weil ganze Nephronen, in denen normalerweise der Proteinmetabolismus stattfindet, ausgeschaltet sind; die Konzentration von leichten Ketten im Serum ist bis 10fach erhöht, ebenso der Spiegel anderer kleinmolekularer Proteine, die normalerweise im Glomerulum filtriert werden (z. B. Lysozym). Die Retention derartiger Stoffe könnte zu den Symptomen der Urämie beitragen. Die Möglichkeit der quantitativen Bestimmung des β_2-Mikroglobulins erlaubt die klinische Anwendung dieser Kenntnisse bei Nierenerkrankungen.

Protein-Clearance-Untersuchungen: Die Filtrationsgröße von Plasmaproteinen wird durch die Größe der Poren in der Glomerulummembran bestimmt. In Tierversuchen mit Dextranen von verschiedener Molekülgröße konnte sie genau ausgemessen werden. Daraus ergab sich die Modellvorstellung von verschieden großen Poren in der Glomerulummembran, durch welche Moleküle entsprechender Größe hindurchtreten können. Bei Aufzeichnung der Anzahl Poren einzelner Größen ergibt sich eine Sigmoidkurve, die Molekulargewichte von 5000–85000 umfaßt; alle für Kreatinin durchgängigen

Poren sind auch für Dextranmoleküle vom Molekulargewicht 5000 passierbar, während Moleküle von 85 000 Dalton nur noch durch jede 10 000ste Membranpore hindurchtreten können. Der Vergleich mit Proteinmolekülen ist nicht uneingeschränkt zulässig, weil sowohl das Dextran- als auch das Proteinmolekül in verschiedenem Maße hydratiert ist. Als obere Normgrenze für renalen Proteinverlust gilt eine Menge von 4 mg/m^2/24 Std; oberhalb von 40 mg/m^2/24 Std spricht man von massiver Proteinurie.

Analog den Clearanceuntersuchungen mit Inulin, Hippurat u. a. kleinmolekularen Stoffen, die zur Messung von Filtrations- und Durchblutungsmenge gebraucht werden, kann mit Hilfe von Makromolekülen bekannten Molekulargewichts die Anzahl und Größe der Glomerulum-Membran-Poren ausgemessen werden. Anstatt Dextrane exogen zuzuführen, kann man dafür die körpereigenen Plasmaproteine verwenden, wenn genügend empfindliche Konzentrationsmessungen möglich sind. Bei derartigen Proteinclearance-Messungen [H 9] fand man eine gute Korrelation mit der zugrunde liegenden anatomischen Nierenläsion. Als Bezugsgröße benutzt man Albumin (Molekulargewicht 69 000) oder Transferrin (Molekulargewicht 90 000). Die Clearance anderer Proteine wird in Prozent derjenigen für Albumin (bzw. Transferrin) angegeben. Zum Vergleich benutzt man kleinere (z. B. α_1-Glykoprotein) und größere Moleküle (wie IgG, 156 000, und α_2-Makroglobulin, 900 000). Wenn diese Clearancegrößen graphisch gegen das Molekulargewicht aufgetragen werden, erhält man eine steil abfallende Kurve bei guter, und zunehmend flachere Kurven bei zunehmend schlechterer Selektivität des Glomerulumfilters; bei Hämaturie, d. h. direkter Beimischung von Plasma zum Urin, ist der Verlauf horizontal (Abb. 25).

Die hochselektive steile Clearance-Kurve kann dem histologischen Bild der „minimalen Veränderungen" zugeordnet werden, wie sie in der Regel dem nephrotischen Syndrom („Lipoid-Nephrose") der Kinder entspricht. Dabei sind die Glomerulumkapillaren im Lichtmikroskop unauffällig, und lediglich im Elektronenmikroskop [V 1] zeigen sie Veränderungen der Epithelfüßchen mit partieller Freilegung der Basalmembran. Geringere Selektivität fand man bei proliferativer, und noch flacheren Kurvenverlauf bei membranöser Glomerulonephritis.

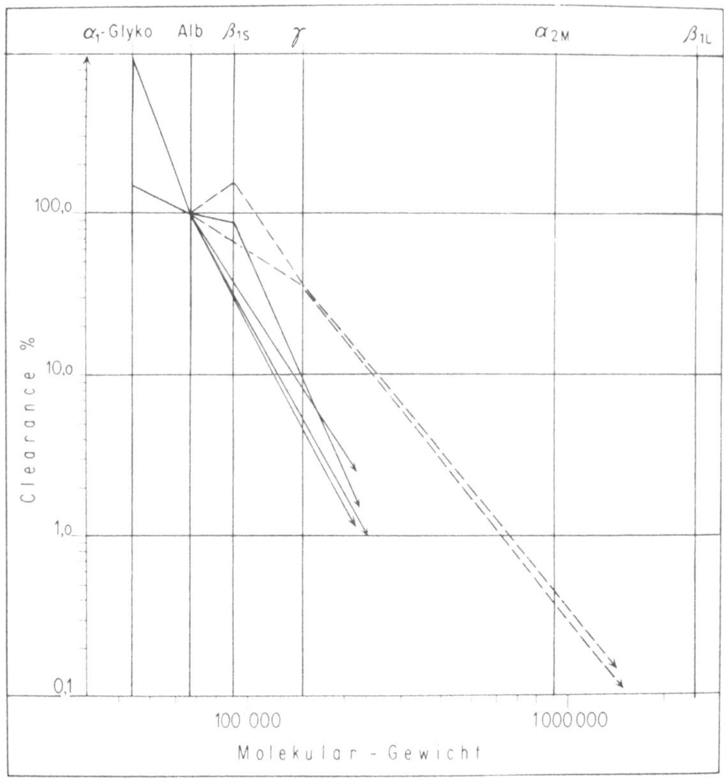

Abb. 25. Clearance spezifischer Proteinfraktionen. Auf der Abszisse die Molekulargewichte, oben die Bezeichnung der gemessenen Proteinfraktionen (α_1-Glykoprotein, Albumin, β_{1S} = Transferrin, γ = IgG, α_{2M} = α_2-Makroglobulin, β_{1L} = β_1-Lipoprotein).
Die ausgezogenen (steilen) Kurven zeigen hohe Selektivität (nephrotisches Syndrom mit „minimal changes"), die gestrichelten (flachen) Kurven beweisen geringe Selektivität des Glomerulum-Filters (membranöse Glomerulonephritis) [H 7]

Man hoffte, mit derartigen nicht-invasiven Untersuchungen die Nierenbiopsie umgehen und den Verlauf renaler Erkrankungen verfolgen zu können. Spätere Untersucher haben diese Hoffnung teilweise bestätigt [C 1], teilweise skeptisch beurteilt [H 9]. Wir fanden bei fortgeschrittenen Schrumpfnieren zum Teil kaum auffallende Clearancewerte; dieser Befund wurde in der erwähnten Untersuchung von Waldmann bestätigt, indem bei einem völlig obliterierten Glomerulum gar kein Primärharn mehr gebildet wird [W 5].

In der Praxis haben wesentliche Verbesserungen der Nieren-Punktionstechnik und der histologischen Beurteilung mit verfeinerten Methoden wie Immunhistochemie und Elektronenmikroskopie den diagnostischen Wert der Biopsie erhöht, während der beträchtliche Laboratoriumsaufwand für die Protein-Clearance-Untersuchung nur an wenigen Institutionen erbracht werden kann. Immerhin würden Nephrologen wohl vermehrt darauf zurückgreifen, wenn die Untersuchung einfacher und billiger bewerkstelligt werden könnte. Diese Möglichkeit ist bei Verwendung eines Autoanalyzers jetzt neu zu überdenken.

Dysproteinämie bei nephrotischem Syndrom. Entsprechend der verschiedenen Selektivität der Glomerulum-Membran sind auch die Rückwirkungen einer Proteinurie auf das Proteinogramm unterschiedlich: Bei Verlust geringer Mengen ist vollkommene Kompensation durch erhöhte Syntheseleistung möglich, während bei der massiven Proteinurie des nephrotischen Syndroms („Lipoidnephrose") eine massive Dekompensation eintritt. Ein zusätzlicher enteraler Proteinverlust ist zwar nachgewiesen, er spielt aber wohl nur eine untergeordnete Rolle. Das Proteinogramm wird demnach durch zwei Faktoren beeinflußt, das Grundleiden (z. B. Entzündung) und den Grad der Selektivität für Proteine im Nierenfilter (bei akuter und chronischer Glomerulonephritis gering, beim nephrotischen Syndrom hoch). Die damit einhergehende Verminderung des onkotischen Drucks bestimmt das Auftreten von Ödemen. Als kritische Grenze gilt ein Gesamt-Protein-Wert von 40 g/l, was aber nur beschränkt richtig ist (s. S. 88). Bei selektivem Verlust kleiner Moleküle treten Ödeme auch bei höherer Gesamt-Protein-Konzentration auf.

Der Grad der Dysproteinämie im *Elektrophorese-Diagramm* geht der Hypoproteinämie weitgehend parallel: Bei Glomerulonephritis wenig spezifische Veränderungen vom Typ der akuten Entzündung mit mäßiger Erhöhung der α_2-Globuline; beim floriden nephrotischen Syndrom hochgradige Proteinverschiebungen, vor allem starke Verminderung des Albumins und des γ-Globulins, sowie re-

150

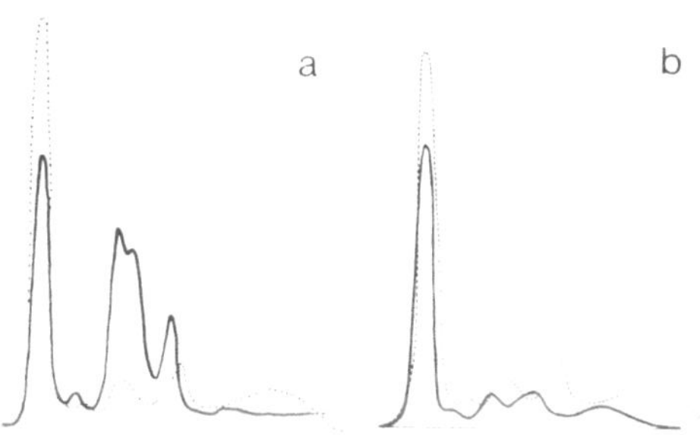

Abb. 26. Elektropherogramme bei Protein-Verlust-Syndromen

g/l	GP	Albumin	α_1	α_2	β	γ
a) Renales PVS	38	13	3	16	6	< 0,1
b) Enterales PVS	45	23	2	4	6	9

lative und absolute Erhöhung der β- und besonders der α_2-Glo-buline (Abb. 26). Kritische Grenzen sind: 10 g/l für Albumin (schwerer Hydrops) und 2 g/l für γ-Globulin (sekundäres Antikör-permangel-Syndrom, s. S. 172).

Urin muß vor der elektrophoretischen Trennung konzentriert wer-den (durch Überdruck- oder Unterdruck-Filtration, Evaporation, oder mit Minicon-Membranfilter), um die Gesamt-Protein-Konzen-tration auf > 10 g/l zu bringen. Das Diagramm ist fast spiegelbild-lich zu dem des Blutes, mit hohen Gipfeln für Albumin und γ-Glo-bulin.

Spezifische Proteinbestimmungen: Bei selektiven Proteinurien sind die kleinmolekularen Fraktionen im Blut vermindert, die großmole-kularen dagegen vermehrt. Besonders auffallend ist die enorme Zu-nahme des α_2-Makroglobulins bis auf das 10fache der Norm (d. h. bis zu 20 g/l). Auch das β_1-Lipoprotein kann selektiv enorm ver-mehrt sein (auf das 4- bis 5fache der Norm); es geht meistens paral-lel mit dem Cholesterin.

Praktisch wichtig ist ferner eine Verminderung von C 3, die ein An-zeichen vermehrten Verbrauchs und damit indirekt einer ablaufen-den Antigen-Antikörper-Reaktion ist; das große Molekül geht bei selektiver Proteinurie kaum in den Urin verloren. Die „hypokom-plementämische Nephropathie" hat eine schlechte Prognose [A 1].

Ätiologie: In Finnland wurde eine hereditäre kongenitale Form des nephrotischen Syndroms mit autosomal-rezessivem Erbgang und schlechter Prognose beschrieben [K 8]. Die Möglichkeit einer pränatalen Diagnose-Stellung aufgrund einer Erhöhung des α_1-Foetoproteins im Fruchtwasser erlaubt heute die gezielte Indikation zum Schwangerschafts-Abbruch bei Homozygotie der Frucht bei diesem schweren Erbleiden.

Die akute Glomerulonephritis nach Streptokokkenerkrankung ist ein typisches Beispiel einer Autoimmunerkrankung: In der Frühphase der Immunisierung gelangen kleine Antikörpermengen in die Zirkulation, die etwa am 10. Tage bei Äquivalenz mit dem Antigen Immunkomplexe bilden. Diese lösen in den Kapillaren, besonders in denen des Glomerulums, entzündliche Reaktionen aus und aktivieren Komplement und Gerinnungsprozesse (Abb. 35). Bei rascher Vermehrung der Antikörpermenge erschöpft sich dieser Mechanismus meistens bald, nur selten wird er chronisch, wie z. B. bei afrikanischen Kindern in Malariagebieten, bei denen zirkulierende Immunkomplexe wegen rezidivierender Plasmodien-Invasionen wiederholt vorkommen und eine progressive Glomerulum-Zerstörung herbeiführen [A 7, S 16]. Ähnlich entsteht die Nephritis bei Lupus erythematodes und durch Medikamente, die als Haptene wirken und zur Immunkomplexbildung veranlassen. Dabei wird Komplement verbraucht (hypokomplementämische Nephritis). Die gegen Streptokokken-Toxine gebildeten Antikörper weisen oft gekreuzte Spezifität gegenüber körpereigenen Strukturen auf. Sie werden dadurch zu Autoantikörpern, die Gewebsschäden erzeugen können. Ihre Bildung hört infolge der normalen Hemmung durch Rückkopplung gewöhnlich nach kurzer Zeit spontan auf, und die Prognose ist deswegen gut; selten entwickelt sich bei Versagen der Rückkopplung ein chronisches Leiden. − Monoklonale Uroproteine (Bence-Jones-Proteine) stellen eine besonders große Belastung des Rückresorptionsmechanismus der Niere dar und können zu Dauerschäden führen, wobei auch Autoantikörper nachgewiesen wurden. In der Mehrzahl der Fälle von nephrotischem Syndrom bleibt die Ätiologie allerdings unklar.

Therapie: Die ätiologische Behandlung ist deswegen nur selten möglich (z. B. bei Malaria) und bei Autoimmunprozessen zudem häufig auch wenig nützlich. Die Lipoidnephrose der Kinder spricht meistens auf Prednison an; nach SOOTHILL [S 16] ist der Typus der Proteinclearance prognostisch bedeutsam (gutes Ansprechen bei hochselektiver Proteinurie). Beim resistenten oder häufig rezidivierenden nephrotischen Syndrom wurden Zytostatika gebraucht, wobei die Meinungen über Nutzen oder Schaden dieser differenten Therapie etwas auseinandergehen [C 1].

Die symptomatische Therapie gleicht dem Versuch, ein Faß ohne Boden zu füllen: Plasma- oder Albumininfusionen können höchstens ganz kurzfristig wirken, sie führen aber immer zu einer Verstärkung der Proteinurie. Sie sollen unseres Erachtens deswegen nur eingesetzt werden, wo eine sehr rasche, wenn auch kurzfristige Reduktion von Ödemen lebenswichtig erscheint. Dasselbe gilt für die Immunglobulin-Therapie des Begleit-AMS: Früher waren Pneumokokken-Erkrankungen für diese Patienten oft tödlich. Diese Gefahr kann heute durch Antibiotika meist beherrscht werden, so daß hochdosierte γ-Globulin-Therapie nur noch ausnahmsweise nötig ist. Patienten mit nephrotischem Syndrom sind durchaus in der Lage, Antikörper zu bilden [G 3].

Enterales Proteinverlust-Syndrom: Wie erwähnt, fand ALBRIGHT [A 4] bei Patienten mit Hypoproteinämie einen beschleunigten Umsatz („Hyperkatabolismus") des Albumins. CITRIN und Mitarbeiter [C 4] wiesen bei einem solchen Patienten mit hypertrophischer Gastritis einen Verlust von radioaktiv markiertem Albumin in den Magensaft nach, der mit den bisher angewandten Methoden nicht erkannt werden konnte. Damit ließ sich die frühere Annahme eines Proteinverlustes an einem unbekannten Orte durch direkte Untersuchung beweisen und auf den Magen-Darmkanal lokalisieren. Später wurden dafür die Begriffe „Eiweißverlust-Enteropathie", „protein losing gastroenteropathy", „exsudative enteropathy" oder „Proteindiarrhoe" geprägt [H 7].

Injizierte menschliche Plasmaproteine werden, falls sie in den Verdauungskanal ausgeschieden werden, in tieferen Darmabschnitten abgebaut und als Aminosäuren zurückresorbiert; ihre Markierung erlaubt keine Messung des Proteinverlustes, wenn das Markierungsmolekül (z. B. ^{131}I) ebenso zurückresorbiert wird wie die Protein-Bestandteile. Dafür mußte ein unverdaulicher Stoff gefunden werden, der sich physikalisch-chemisch ähnlich wie Plasmaproteine verhält, und der mit einer leicht meßbaren Markierung versehen werden konnte. Zunächst wurde der Plasmaexpander Polyvinylpyrrolidon (PVP) verwendet, der mit ^{131}I markiert werden kann. Sämtliche Radioaktivität, die nach intravenöser Injektion von PVP-^{131}I im Stuhl nachgewiesen wird, muß aus dem Blut in das Darmlumen gelangt sein. Daraus kann der Proteinverlust in den Darm quantitativ errechnet werden. — Später zeigte es sich, daß die Zubereitung und Markierung des PVP unvermeidlich zu einem Gemisch von Molekülen ziemlich verschiedener Größe führt, die sich nicht alle gleich wie Albumin verhalten. Diese Schwierigkeit konnte durch Markierung von Albumin mit ^{51}Cr umgangen werden. Bei der Verdauung des Proteins wird zwar das Chrom im Darmlumen frei, aber als unlösliches Chromchlorid wird es nicht zurückresorbiert, so daß man bei Messung der Radioaktivität im Stuhl ein zuverlässiges Maß des enteralen Proteinverlustes erhält.

Die große Zahl der bis jetzt mit diesen Techniken untersuchten Fälle von „essentieller" oder „idiopathischer Hypoproteinämie" läßt den Schluß zu, daß der pathogenetische Mechanismus meistens auf einem Verlust von Protein in das Darmlumen beruht. Normalerweise wird weniger als 1% der intravenös applizierten Proteinmenge im Stuhl gefunden.

Die quantitativen Verhältnisse sind in Abb. 27 schematisch dargestellt: Normalerweise werden mit den Verdauungssekreten pro Tag 5–10 g Protein in den Magendarmkanal abgegeben. Bei exsudativen pathologischen Prozessen kann dieser Verlust auf ein Vielfaches, d. h. auf mehrere 100 g pro Tag steigen. Nur bei Sekretion in die unteren Darmabschnitte ist unverdautes Protein direkt im Stuhl nachweisbar. Proben, die aus verschiedenen Darmabschnitten mit Sonden entnommen werden, sind der direkten Analyse zugänglich. Immunochemische Methoden sind unentbehrlich für die Unterscheidung zwischen körpereigenen (homologen) Plasmaproteinen und heterologem Protein aus der Nahrung. Die technische Schwierigkeit der Verdauung durch gleichzeitig entnommene Darmenzyme kann durch sofortige Zugabe von Trasylol und Tiefgefrieren, wenigstens vom Moment der Entnahme an, beherrscht werden; ohne diese Kautelen werden sämtliche durch Trichloressigsäure fällbaren Proteine innerhalb von 30 Minuten abgebaut.

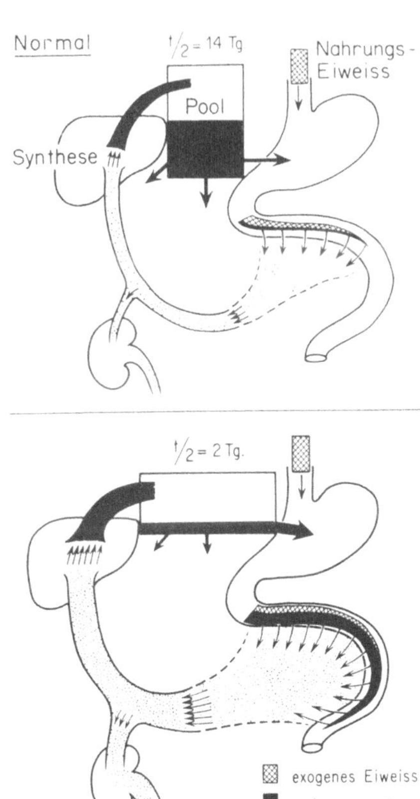

Abb. 27. Enterales Proteinverlust-Syndrom. Pathogenese: Normalerweise werden große Mengen Nahrungs-Eiweiß mit kleinen Mengen körpereigener Proteine aus den Verdauungs-Sekreten im Dünndarm verdaut. Die Aminosäuren werden ins Blut resorbiert und in der Leber zu körpereigenem Protein aufgebaut, während eine geringe Menge in den Urin verlorengeht. Beim enteralen Protein-Verlust-Syndrom ist der Kreislauf der körpereigenen Proteine infolge ihrer Exsudation in den Darm beschleunigt. Die Folgen sind: erhöhte Aminoacidämie und Aminoacidurie, vermehrte Synthese von körpereigenem Protein, Verkleinerung des Protein-Pools, Verminderung der Protein-Konzentration. — Wenn noch unverdautes Plasmaprotein im Stuhl erscheint, spricht man von Protein-Diarrhoe. Immunochemische Methoden erlauben dabei die Differenzierung von exogenem (tierischem) und endogenem (menschlichem) Protein [H 7]

Die nach der Verdauung der sezernierten Plasma-Proteine freiwerdenden Aminosäuren werden ohne begrenzenden Wert ins Blut zurückresorbiert. Ihr Blutspiegel ist dementsprechend erhöht, und auch die Überlaufs-Aminoazidurie ist beträchtlich vermehrt. Die Synthese von körpereigenem Protein aus den reichlich angebotenen Aminosäuren ist normal oder erhöht. Dieses strömt jedoch wieder in den lecken Proteinpool ein, der dadurch beschleunigt erneuert wird und infolgedessen scheinbar verkleinert ist, selbst wenn das

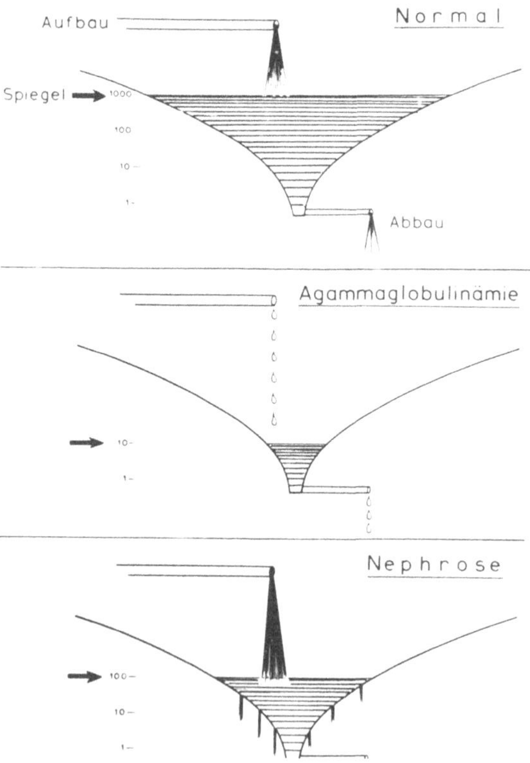

Abb. 28. Pathogenese einer Hypoproteinämie infolge von verminderter Synthese (dargestellt als Brunnenrohr), resp. von vermehrtem Verlust, am Beispiel des IgG. Im Fließgleichgewicht stellt sich der Protein-Spiegel auf eine bestimmte Höhe ein. Dieser kann aber ein verminderter oder ein erhöhter Umsatz zugrunde liegen [H 7]

156

Verteilungsvolumen für Proteine infolge von Ödemen vergrößert
ist. Da die Umsatzrate einer Exponentialfunktion folgt, stellt sich
mit Absinken des Proteinspiegels ein neues Gleichgewicht ein, sobald der Zustrom durch neue Synthese und der Abstrom durch Verlust in den Darm sich die Waage halten (Abb. 28).

Klinisches Bild (Tabelle 34). Im Vordergrund der Symptomatologie
stehen Ödeme, die auf den ersten Blick an ein nephrotisches Syndrom denken lassen: Sie sind weich, nicht überwärmt, betreffen den
ganzen Körper einschließlich Gesichtsschwellungen und Anasarka
des Rumpfes, des Skrotums und der Extremitäten, sowie Höhlener-
güsse. Überraschenderweise fehlt jedoch die erwartete Proteinurie.
Eine erhöhte Infektneigung ist seltener als vermutet, lokale Hautin-
fektionen können z. T. auf die Verschlechterung der Durchblutung
als Ödemfolge zurückgeführt werden, aber das typische Bild des
Antikörpermangelsyndroms fehlt in der Regel. Septische Infektionen sind selten, führen dann aber häufig in kurzer Zeit zum Tode
des Patienten. Tetanische Zustände sind häufig und können zu
plötzlichem Tode führen. Die ihnen zugrundeliegende Hypokalz-

Tabelle 34. Ätiologie des enteralen Protein-Verlust-Syndroms

---

a) Erkrankungen des Darm-Epithels
 - Nekrotisierende Enteritis
 - Hyperplastische Gastritis
 - Enteritis regionalis (Crohn)
 - Zöliakie
 - Darm-Stenosen verschiedener Ursache
 - Colitis ulcerosa
 - Polyposis der Kolons
 - Divertikulitis des Kolons
 - Malignome, insbesondere Magenkarzinome
 - Post-Irradiations-Syndrom
b) Erkrankungen des lymphatischen Systems
 - Mißbildungen, bes. Lymphangiektasien
 - Lymphfisteln
 - Lymph-Abflußbehinderungen bei Tumoren oder nach Trauma
 - Entzündung, z. B. mesenteriale Tuberkulose
c) Allgemein-Erkrankungen
 - Herzinsuffizienz
 - Nephrotisches Syndrom

ämie entsteht durch ständigen enteralen Verlust von proteingebundenem Calcium, wie mit radioaktivem ^{45}Ca bewiesen wurde. Trotz oft erheblicher Hypo-γ-Globulinämie sind die Patienten meist erstaunlich wenig infektanfällig (Abb. 28); darin findet sich eine Analogie zum nephrotischen Syndrom, ebenso wie im Versagen der Therapie mit Plasma oder Immunglobulinen.

Kinder scheinen besonders häufig betroffen zu sein, die Krankheit wird jedoch in jedem Alter beobachtet. Beide Geschlechter erkranken ungefähr gleich häufig. Der Verlauf ist meistens protrahiert; nur bei Säuglingen wurden spontane Heilungen nach wenigen Wochen beobachtet, bei älteren Kindern und bei Erwachsenen bleiben die Symptome gewöhnlich während Jahren oder Jahrzehnten unverändert bestehen.

Die Ätiologie umfaßt eine lange Liste von lokalen oder allgemeinen Erkrankungen, die das Epithel, die Blut- und die Lymph-Zirkulation des Magen-Darmkanals in Mitleidenschaft ziehen (Tabelle 34).

Therapie. Die Behandlung muß auf das Grundleiden ausgerichtet werden und ist nur erfolgreich, wenn dieses gebessert oder geheilt werden kann. Dies ist möglich bei hypertrophischer Gastritis durch Resektion der veränderten Anteile des Magens, nach Heilung einer Enteritis auf infektiöser, parasitärer oder allergischer Grundlage (z. B. Zöliakie), oder nach Resektion der erkrankten Darmteile bei Enteritis regionalis, Darmstenosen, Colitis ulcerosa, Polyposis etc. Lymphfisteln können nur selten operiert werden. Bei der ausgedehnten kongenitalen intestinalen Lymphangiektasie kann der Ersatz des Neutralfetts durch mittellangkettige Fettsäuren (MCT-Öl) beachtliche Besserung oder symptomatische Heilung bringen.

Kutanes Proteinverlust-Syndrom. Ausgedehnte Dermatosen und Verbrennungen führen zu beträchtlichen Plasmaverlusten durch die Haut, die akut zu den Zeichen der Hypovolämie führen; in diesem Zustand sind Plasmaproteinbefunde normal und daher ohne Aussagekraft. Erst nach erfolgreicher Rehydrierung wird die Schädigung in einer oft sehr erheblichen Hypoproteinämie faßbar. Nach schweren Verbrennungen findet man intravenös injiziertes ^{131}I-markiertes Albumin nach 48 Stunden zu 95% im extravaskulären Pool (beim Normalen sind es 55%). Im Bereich der verbrannten Haut erreicht die Albuminkonzentration 7mal höhere Werte als in der

158

normalen Haut, mit Maximum nach etwa 48 Stunden. Noch 3–4 Wochen nach einer Verbrennung ist der Albuminkatabolismus stark beschleunigt.

Die Dysproteinämie bei allen Dermatosen ist mehr als 2 Tage nach Beginn der Schädigung durch reaktive Veränderungen charakterisiert: Protein-Verlust, entzündliche Veränderungen und therapeutische Effekte (Infusion von Plasma und Plasmafraktionen) überlagern sich derart, daß kein einheitliches Bild resultiert. Für die Leitung der Therapie genügt die wiederholte Bestimmung des Gesamtproteins und der Immunglobuline. Bei der ungünstigen Kombination von kaum vermeidbarer Superinfektion mit sekundärem Antikörpermangelsyndrom sind die Werte der Immunglobuline therapeutisch wegleitend.

Exsudatives Proteinverlust-Syndrom: Bei ausgedehnten exsudativen Prozessen (Pneumonie, Pleuropneumonie, Lungenödem, Aszites-Bildung, ausgedehnte Ödeme) können in kurzer Zeit beträchtliche Flüssigkeits- und Proteinmengen aus den Gefäßen austreten. Ebenso kommen nach plötzlicher Dekompression auftretende Schockzustände durch Extravasation von Plasma und die resultierende Hypovolämie zustande. Chronische Proteinverluste wurden ferner bei Peritonealdialyse beobachtet, sowie bei Ablagerung von Amyloid im Gewebe, die zu Kachexie führt (s. S. 126). Klinisch kann eine Hypovolämie das Ausmaß der bestehenden Hypoproteinämie verschleiern. Die moderne Schocktherapie versucht beide Störungen durch Plasmainfusionen und durch Behandlung der auslösenden Faktoren zu beheben. Bei diesen schnellen therapeutischen Entscheidungen genügt die Bestimmung des Gesamtproteins, detaillierte Untersuchungen über das Verhalten einzelner Fraktionen sind nicht notwendig.

Untersuchungsgang

Routine-Untersuchungen. Für alle Protein-Verlust-Syndrome ist der Gesamtproteinwert entscheidend wichtig, da er die globale Abschätzung des Ausmaßes einer Dekompensation bzw. der Wiederherstellung des Gleichgewichts zwischen Verlusten und Synthese erlaubt. — Die Senkungs-Reaktion ist meistens mäßig beschleunigt.

– Die Elektrophorese gibt sehr wichtige Hinweise auf die Art des Proteinverlustes: Gleichmäßige Verminderung aller Fraktionen deutet auf Verluste ohne Selektion (enteral, kutan, exsudativ), eine Relationsverschiebung weist auf selektiven (renalen) Verlust hin; tatsächlich ist die Dysproteinämie beim nephrotischen Syndrom eine der am besten charakterisierten Plasma-Veränderungen (Abb. 26). Reaktive Veränderungen können sich überlagern: α_1- und α_2-Globulin-Erhöhung in der akuten Phase, γ-Globulin-Zunahme bei chronischer Entzündung; β-Globulin-Vermehrung ist für das nephrotische Syndrom typisch. – Der Urin-Befund ergänzt die Diagnose und beweist Proteinurie oder schließt sie aus. Die Elektrophorese und die quantitative Messung der Uroproteine sind wichtige zusätzliche Bestimmungen.

Spezielle Bestimmungen. Spezifische Bestimmungen einzelner Proteinfraktionen im Plasma präzisieren die Aussagen der Elektrophorese, sie sind aber nur ausnahmsweise nötig. Quantitative Messungen einzelner Uroproteine sind nur im Zusammenhang mit vollständigen Clearance-Untersuchungen sinnvoll. Die β_2-Mikroglobulin-Bestimmung in Blut und Urin ist dabei vielversprechend. Auch die genaue Messung von enteralen Protein-Verlusten mit immunochemischen Methoden oder mit ^{51}Cr-markiertem Albumin ist nur ausnahmsweise notwendig. – C 3-Messung ist für den Nachweis von Komplement-Verbrauch wichtig, u. U. auch die Messung anderer C-Komponenten. – Als zusätzliche Methoden seien erwähnt: Blutbild (Lymphopenie bei Lymph-Fistel), Endoskopie mit Fiberglasoptik und Schleimhaut-Biopsie bei Prozessen im Magen-Darm-Kanal, radiologische Untersuchungen, speziell des Darmes und des Lymphsystems, Nierenbiopsie, bakteriologische Untersuchungen etc.

2.2.2. Reaktionen der akuten Phase (AP)

Dieses Kapitel umfaßt heterogenes Material, dessen Gliederung nicht ohne willkürliche Entscheidungen möglich ist. Widersprüche oder Doppelspurigkeiten lassen sich nach keinem Prinzip ganz vermeiden; wir nehmen bei der folgenden Besprechung z. B. in Kauf, daß die chronische Entzündung unter den Reaktionen der akuten Phase besprochen wird.

Als „akute Phase" definieren wir Zustände, in denen sich Gewebe-schädigungen verschiedenster Art mit dagegen mobilisierten frühen und unspezifischen Reaktionen des Körpers überlagern. Sie gehen häufig mit klinischen Allgemeinerscheinungen (Fieber, Krankheits-gefühl etc.) oder Lokalsymptomen (Trauma, Nekrose, Entzündung, Tumor) einher. Im Proteinogramm sind typische Fraktionen nach-weisbar, die als „Proteine der akuten Phase" oder „Reagenten der akuten Phase" bezeichnet wurden (Tabelle 8). Wir benutzen konse-quent den Ausdruck „Akute-Phasen-Proteine" (AP-Proteine).

Lokale frühe entzündliche *Reaktionen* auf Noxen umfassen: Gefäß-Dilatation, Permeabilitätssteigerung, Ödembildung, Thrombozyten-Aggregation, Fibrin-Ablagerung, Leukozyten-Anschoppung, Abga-be lysosomaler Enzyme aus Leukozyten und Geweben, Bildung und Abgabe kleinmolekularer Mediatoren (Histamin, 5-Hydroxy-Trypt-amin, Kinine) und Mesenchym-Zell-Sprossung. Alle diese Phäno-mene wurden als „Woge der undichten Membranen" („wave of leaky membranes") zusammengefaßt, womit Permeabilitätserhö-hungen in Endothel-Zellen, Leukozyten, Mastzellen und zytoplas-matischen Lysosomen gemeint sind. Die mit Zellnekrose einherge-hende Lokal-Reaktion löst eine umfassende Allgemein-Reaktion aus, die zur Restitution beiträgt [K 6].
Folgende *Allgemeinreaktionen* gehören zur akuten Phase: Fieber, Schmerzen, Leukozytose, erhöhte Senkungsreaktion, Anstieg der AP-Proteine, gesteigerte Funktion des hormonalen Hypophysen-Nebennieren-Systems, Verminderung der Serum-Albumin-Konzen-tration u. a. Als Ursprungsort der AP-Proteine wurde geschädigtes und zugrundegehendes Bindegewebe angenommen, wofür aber keine Beweise erbracht wurden; dagegen weiß man sicher, daß alle klar definierten AP-Proteine in der Leber synthetisiert werden [K 6]. Ihr Konzentrations-Anstieg beruht also auf erhöhter Synthe-seleistung der Leber.
Nach Tierversuchen kann man 3 Phasen unterschieden:

1. Frühe Reizung der Leberzellen mit Erhöhung der Membran-Per-meabilität (2–5 Stunden nach Trauma).
2. Erhöhte Synthese von Boten-DNS (maximal nach 8 Stunden).
3. Steigerung der Protein-Synthese und beginnende Ausschwem-mung von AP-Proteinen (von der 18.–24. Stunde an).

Die aktuelle Plasmakonzentration der einzelnen AP-Proteine resultiert aus einem Anstieg der Syntheseleistung über den Katabolismus; im zeitlichen Ablauf bestehen kleine Unterschiede (Abb. 29). Von der akuten Phase wird nur die Reaktion des Körpers nachgewiesen, während die angenommene primäre Gewebsschädigung mit den heutigen Methoden nicht erfaßt wird. Theoretisch können 3 grundsätzliche Veränderungen in der Protein-Synthese unterschieden werden [K 6]:

a) Synthese „neuer" Proteine (CRP, s. S. 45).

b) Reaktivierung der Synthese „fetaler" Proteine (Derepression).

c) Steigerung der Synthese „normaler" Proteine.

Die Reaktionsart ist monoton und läuft in einer fixierten zeitlichen Sequenz ab, wie bei bekanntem Zeitpunkt der Schädigung (Trauma, Verbrennung, Operation) exakt beurteilt werden kann (Abb. 29). Chemisch enthalten alle AP-Proteine viel Kohlenhydrat, sie gehören also zu den Glykoproteinen. Ferner besitzen sie am freien Ende

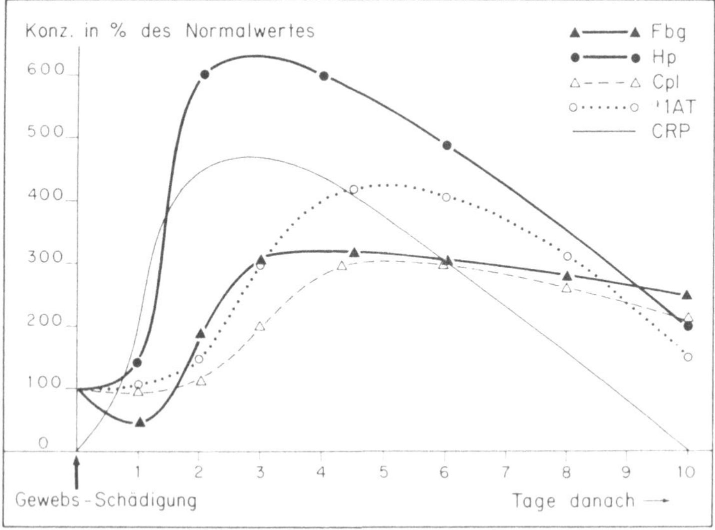

Abb. 29. Reaktionen der akuten Phase: zeitliche Sequenz von 5 Proteinen der akuten Phase (Fibrinogen, Haptoglobin, Coeruloplasmin, α_1-Antitrypsin und C-reaktives Protein) [K 6]

der Zucker-Seitenketten Neuramin-(Sialin)Säure, die vor Abbau schützt; sobald diese durch Neuraminidase entfernt wird, verschwindet das AP-Protein aus der Zirkulation.

Verhalten einzelner Proteine der AP

CRP ist beim Normalen nicht nachweisbar, erscheint aber schon 12–24 Stunden nach einer Schädigung, erreicht nach 2 Tagen seine maximale Konzentration und ist am 10. Tage wieder unter die Nachweisgrenze abgesunken. Haptoglobin kann initial absinken, besonders wenn die Noxe auch zur Hämolyse führt, und erst nach 2–3 Tagen dank zunehmender Syntheseleistung ansteigen. — Systematische Messungen von insgesamt 18 Einzelproteinen nach einer bekannten und kurzfristigen Schädigung (Operationstrauma [A 10] oder Myokardinfarkt [J 3]) bestätigen die Sequenz des AP-Protein-Anstieges (Abb. 29) und zeigen zudem eine Verminderung von Albumin, Präalbumin, Transferrin und α_1-Lipoprotein in den ersten Tagen und einen langsamen Anstieg von Hämopexin, Prothrombin, Coeruloplasmin, Plasminogen und Gc-Protein, später auch von IgG in den ersten 1–3 Wochen nach dem Trauma. Für den täglichen Gebrauch in der Klinik sind diese Bestimmungen zu kompliziert und zu aufwendig.

Die von Tag zu Tag wechselnden Konzentrationen der einzelnen Komponenten lassen ein kompliziertes Zusammenspiel zahlreicher Einzelfunktionen ahnen, in dem einige Zusammenhänge bekannt, die meisten aber noch nicht überblickbar sind.

Untersuchungsgang

1. Routine-Untersuchungen. Senkungsreaktion: Anstieg auf mäßige Werte 2–5 Tage nach dem akuten Ereignis. Die früher oft behauptete positive Korrelation zwischen Schwere der Schädigung und Ausmaß der Senkungsbeschleunigung ist leider unzuverlässig. — Gesamtprotein: normal oder unsystematisch verändert (vor allem von der Hydrämie abhängig). — Elektrophorese: Albumin vermindert, α_1- und α_2-Globuline erhöht. — Die Albuminsynthese ist nicht vermindert, deshalb postulieren manche Autoren eine Erhöhung des Katabolismus [K 3], während andere eine Vergrößerung des Verteilraumes infolge erhöhter Gefäßpermeabilität annehmen [K 6].

2. Einzelne Proteine. CRP kann immunologisch relativ einfach qualitativ oder semiquantitativ bestimmt werden, was für klinische
Zwecke genügt. Sein schnelles Ansprechen (12–24 Std nach Schädigung) und Verschwinden (nach 10 Tagen, s. oben) wurde als Vorteil
gegenüber der Senkungsreaktion hervorgehoben. Da es aber ebenso
unspezifisch ist wie diese, scheint uns der Unterschied klinisch irre-
levant. Vermutlich lassen nur wenige Kliniker das CRP routinemäßig und wiederholt bestimmen.

Das gleiche gilt für die anderen AP-Proteine (Fibrinogen, α_1-Anti-
trypsin, α_1-Orosomucoid, Haptoglobin, Coeruloplasmin etc.), deren
Konzentrations-Zunahme lediglich den klinischen Eindruck bestätigt. Eine Ausnahmestellung wird zur Zeit dem Komplement einge-
räumt, und deswegen wird die Bestimmung des C 3 empfohlen: Aus
seinem Anstieg schließt man auf eine Aktivierung des Komplementsystems, das phagozytotische und immunologische Prozesse begünstigt. Die Funktion des Haptoglobins in diesem Zusammenhang ist
unklar, ebenso die des Coeruloplasmins, des α_2-HS-Glykoproteins
und anderer nicht genau definierter Fraktionen. Die früher empfoh-
lene Globalbestimmung der „Seromukoide", d. h. der durch Perchlorsäure nicht fällbaren Proteine, ist wegen mangelnder Spezifität
verlassen worden, ebenso die Anfärbung der Kohlenhydratanteile
mit PAS („Glykoprotein-Elektrophorese" oder „Glykogramm").
Die meisten Laboratorien bestimmen 2 oder 3 AP-Proteine nach
ziemlich willkürlicher Auswahl, was bei adäquater Technik vernünf-
tig erscheint, aber nicht allgemein verbindlich ist.

2.2.2.1. Entzündliche Reaktionen

Die Entzündung bildet eine der grundlegenden Reaktionen des
Körpers. Morphologische Veränderungen an Gefäßen, Bindege-
webs- und Organzellen sind sehr eingehend untersucht worden; darauf werden wir hier nur dann hinweisen, wenn es für ein besseres
funktionelles Verständnis notwendig erscheint. Die übliche Unterscheidung zwischen akuter und chronischer Entzündung ist auch
von den proteinchemischen Befunden her bedeutsam. Allerdings ist
der Übergang häufig fließend, und zur Kennzeichnung der gemischten Befunde verwenden wir den Ausdruck „subakute entzündliche
Reaktion".

164

2.2.2.1.1. Bei der akuten Entzündungsreaktion sind viele der oben genannten Zeichen der AP vorhanden, insbesondere allgemeine und/oder lokale Entzündungszeichen, mäßige bis starke Beschleunigung der Senkungsreaktion, Leukozytose mit Linksverschiebung und toxischen Granulationen, sowie Erscheinen der AP-Proteine. In der Elektrophorese sind α_1- und α_2-Globuline mäßig bis stark erhöht, selten und weniger regelmäßig auch das β-Globulin, dagegen bleibt die γ-Globulin-Konzentration im Bereiche der Norm (Abb. 30).

Die Immunglobuline sind später differential-diagnostisch nützlich: 1–2 Wochen nach Beginn der entzündlichen Reaktion ist das IgM mäßig bis stark erhöht, das IgG dagegen noch normal. Beim Übergang zur chronischen Entzündung kehrt sich das Verhältnis um, d. h. nach Ablauf von 2–4 Wochen normalisiert sich das IgM, während das IgG ansteigt. Für Störungen in diesem häufigsten und als „normal" angesehenen Ablauf sind zwei Gründe bekannt: Altersdisposition des Patienten (bei Säuglingen und Kleinkindern persistiert häufig die IgM-Erhöhung) und Auslösung der Reaktion durch gewisse Erreger (Protozoen und Parasiten führen zu langanhaltendem IgM-Anstieg, z. B. Kala-Azar, Malaria, Toxoplasmose und intestinale Parasiten).

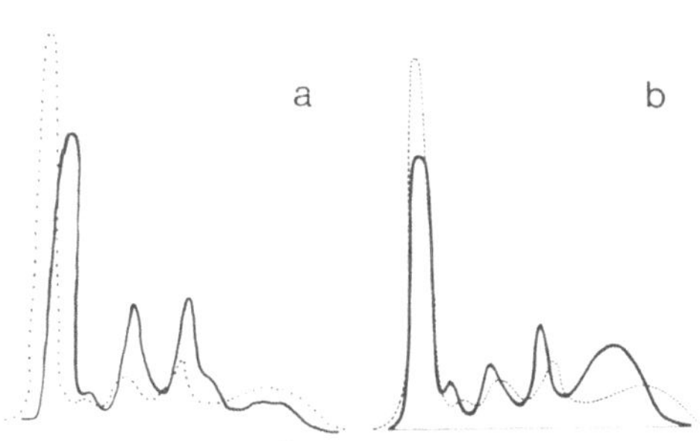

Abb. 30. Elektropherogramme bei Entzündung:

g/l	GP	Albumin	α_1	α_2	β	γ
a) Reaktion der akuten Phase	71	28	4	15	17	7
b) chronisch-entzündl. Reaktion	77	25	5	10	11	26

Das Verhalten der β-Globuline in der Elektrophorese ist unregelmäßig, da verschiedene Faktoren dabei mitspielen: Transferrin ist regelmäßig vermindert, wie direkt durch Proteinbestimmung oder indirekt mit Hilfe der Eisenbindungskapazität festgestellt werden kann (Abb. 31). Entzündetes Gewebe bindet Eisen („Eisenavidität"). Eine Massierung von Transferrin im entzündlichen Gewebe ist zwar vermutet, aber nicht sicher bewiesen worden. In vitro wirkt Transferrin durch Eisenentzug bakteriostatisch auf Bakterien, die Eisen für ihr Wachstum benötigen [S 5]. Die gleichzeitige Verminderung von Transferrin und Serum-Eisen ist ein typisches Entzündungszeichen. Für andere Kombinationen s. Abb. 31. − Komplementaktivierung äußert sich gewöhnlich in einer Vermehrung des C 3, teilweise nach kurzfristigem initialen Absinken. Da der C 3-Verbrauch stark gesteigert ist, muß die Syntheserate noch mehr

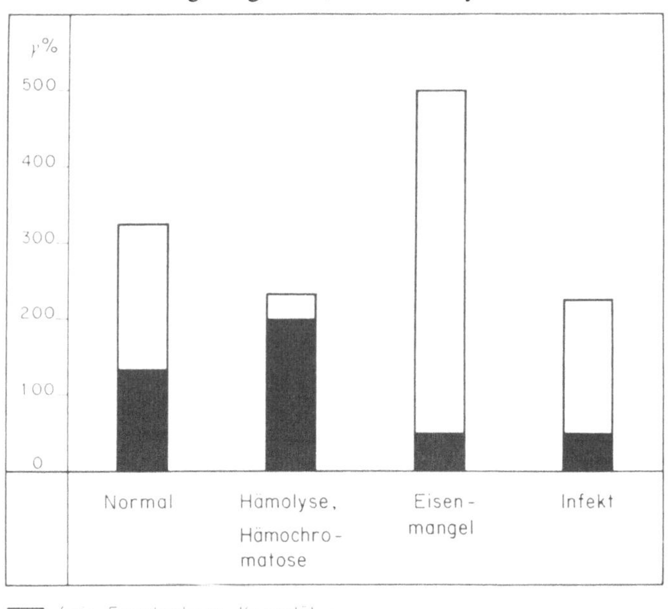

Abb. 31. Serumeisen und Serumeisenbindungskapazität, normal und bei verschiedenen Erkrankungen. Umrechnung: totale Eisenbindungskapazität in γ%: 0,125 = Transferrin in mg/l

erhöht sein. Aktivierte und auf Zellmembranen von Mikroorganismen abgelagerte C-Komponenten bewirken deren Opsonisierung, im Extremfall Zell-Lyse, ferner Kininaktivierung, Steigerung der Gefäßpermeabilität und indirekt Aktivierung der Fibrinolyse. Die β-Fraktion wird weiter durch Lipoproteinverschiebungen beeinflußt, die in allen Richtungen gehen können; und schließlich kann die erwähnte IgM-Vermehrung in der Elektrophorese zu einer β-Globulin-Vermehrung beitragen.

Diagnose pränataler Infekte. Der Fetus ist in utero normalerweise vor Antigen-Stimuli und insbesondere vor Infektionen geschützt. Seine Immunglobulin-Synthese, die potentiell schon nach der 10. Schwangerschaftswoche möglich ist (s. S. 78), wird deswegen nicht realisiert. Durch intensive Antigenstimuli kann sie jedoch aktiviert werden. Der entwicklungsgeschichtlichen Sequenz entsprechend erscheinen dabei zuerst IgM-Antikörper in größerer Menge. Diese Tatsache hat sich für die Diagnose pränataler Infekte bewährt: IgM-Erhöhung beim Neugeborenen bis zum Alter von etwa 48 Stunden beweist eine intensive pränatale Antigenstimulation. Vom 3. Lebenstag an kann die IgM-Konzentration bereits als normale Reaktion auf die postnatale Keim-Besiedelung ansteigen.
Die systematische Messung des IgM bei allen Neugeborenen ist mit einem einfachen und raschen Suchtest technisch durchführbar. Die Erfahrung in mehreren großen Serien hat gezeigt, daß der diagnostische Wert des Befundes einer neonatalen IgM-Erhöhung hoch, aber nicht ganz zuverlässig ist. Falsche oder irreführende Ergebnisse machen höchstens 5% aus. Als Fehlerquellen kommen in Betracht: falsch positive Ergebnisse infolge der Beimischung von mütterlichem Blut; dieser Fehler kann relativ leicht durch gleichzeitige Bestimmung des IgA eliminiert werden, bei dessen Erhöhung die maternofetale Transfusion sichergestellt ist, weil IgA durch die intakte Plazenta nicht hindurchtritt. Wenige IgM-positive Fälle bleiben allerdings ohne Erklärung. — Schwerer wiegen die falsch negativen Ergebnisse, wie sie bei schwerer pränataler Schädigung des Immunsystems, z. B. durch früh erworbene Rötelinfektion, beobachtet wurden: diese Patienten weisen allerdings meist massive klinische Symptome auf (Katarakt, Herzfehler, Minderwuchs etc.), so daß die IgM-Bestimmung nebensächlich wird.

Bei Nachweis einer IgM-Erhöhung ist es zudem möglich, durch Fraktionierung des Serums (in der Ultrazentrifuge oder durch Gel-Filtration auf Sephadex G 200) die transplazentar übertragenen mütterlichen IgG-Antikörper von den fetalen Antikörpern der Klasse IgM abzutrennen. In jeder Fraktion (IgG und IgM) können dann spezifische Titer bestimmt werden (z. B. gegen Toxoplasmen, Viren der Orphan-Gruppe, der Rubeolen, der Zytomegalie und der Hepatitis = TORCH-Programm, sowie gegen Syphilis).
Obschon die Bedingungen für einen Routine-Suchtest gegeben sind, wird die IgM-Bestimmung in den meisten Kliniken und Neugeborenen-Abteilungen heute nur gezielt, d. h. bei klinischem Verdacht auf pränatale Infektion verlangt.

2.2.2.1.2. Bei der chronischen Entzündung haben sich typischerweise die Zeichen der AP zurückgebildet, und statt IgM ist nun IgG vermehrt (Abb. 30). Bei intensiver und langanhaltender Stimulation (chronische Eiterung, Parasitenbefall) kann die Erhöhung des IgG auf das Doppelte bis Dreifache der Norm sehr lange bestehen bleiben. Ein typisches Beispiel ist die in tropischen Ländern in der Regel beträchtliche Erhöhung der γ-Globulin-Konzentration, die nicht genetisch fixiert (oder „rassenbedingt") ist, da Angehörige des gleichen Volksstammes (z. B. Aethiopier) unter guten hygienischen Bedingungen und in der gleichen geographischen Region ähnlich niedrige Immunglobulin-Konzentrationen aufweisen wie Weiße. — Die Beschleunigung der Senkungsreaktion ist in diesem Zustand der chronischen Entzündung vorwiegend durch die unterschiedlich ausgeprägte Hyper-γ-Globulinämie bedingt, während die Fibrinogenkonzentration sich annähernd normalisiert hat. — IgA verhält sich bei chronischer Entzündung inkonstant und kann vermindert, normal oder erhöht sein. Dazu tragen konstitutionelle Faktoren (IgA-Mangel) oder der Ort der Entzündung bei, indem Befall sezernierender Schleimhäute in der Regel auch mit einer Erhöhung des IgA im Blut einhergeht. Systematische Untersuchungen zur Abklärung eines Zusammenhangs mit der Menge oder Spezifität des sezernierten IgA fehlen.

2.2.2.1.3. Als subakut entzündliche Reaktionen definieren wir Zustände, bei denen protein-chemische Veränderungen der AP und der chronischen Phase nebeneinander bestehen, d. h. Vermehrung von AP-Proteinen und von IgM/IgG. Diese Kombination ist bei Autoimmunkrankheiten häufig, und der Kliniker schließt daraus auf eine anhaltende Aktivität des auslösenden Faktors.

2.2.2.1.4. *Rezidivierende Infekte*. Patienten mit häufig rezidivierenden Infekten erscheinen ständig wieder bei ihrem Arzt oder wandern von einem Arzt zum andern. Die immer wiederkehrende Erkrankung kann für den Patienten und für den Arzt zu einer wahren Crux werden. Klare diagnostische Richtlinien sind deswegen erwünscht: Zunächst ist zu untersuchen, ob die Exposition des Patienten ungewöhnlich groß ist (häufige Kontakte mit infektiösem Material, Irritation der Schleimhäute durch Rauch, trockene Luft oder Chemikalien), oder ob seine Abwehrkraft ungewöhnlich gering ist. Vor allem bei Kindern muß als dritte Möglichkeit auch die

Tabelle 35. Rezidivierende Infekte, Differentialdiagnose

---

a) Lokalisation
Monotope Infekte deuten auf *Organ*minderwertigkeit hin
Polytope Infekte deuten auf *System*minderwertigkeit hin

b) Mikroorganismen
„Große pathogene Keime":
    Massive exogene Infektion
    Störung anatomischer Barrieren
    Störung der Phagozytose
    Störung der humoralen Immunität
„Kleine saprophytäre Keime":
    Störung der Phagozytose
    Störung der zellulären Immunität

c) Reaktion des Makroorganismus
Intensive Reaktion:
    akut → AP-Proteine ↑, IgM ↑
    chronisch → IgG ↑, IgA ↑ (IgM ↑)
Ungenügende Reaktion:
    – Phagozytose-Störung
    – Immunologischer Defekt:
        Humorales Antikörpermangelsyndrom
        Zellulärer Mangel
        Komplement-Defekt

Überbewertung eines Symptoms in Betracht gezogen werden („Pseudoinfekt").

Falls vermehrte Exposition oder/und Infektion unwahrscheinlich ist, sind die verschiedenen Formen der Abwehrschwäche des Patienten zu erwägen: Zunächst sind Lokalisation der Infekte und Art der infizierenden Erreger zu berücksichtigen (Tabelle 35). Auf Grund der Anamnese, der klinischen Untersuchung und weniger Laborbefunde (Senkung, Blutbild, Urinstatus und gezielte bakteriologische Untersuchungen) kann bei der überwiegenden Mehrzahl der Patienten eine genügende diagnostische Klärung erreicht und eine wirksame Therapie eingeleitet werden. Nur bei relativ wenigen Patienten mit rezidivierenden polytopen Infekten sind zusätzlich spezielle Untersuchungen zellulärer und humoraler Abwehrmechanismen notwendig, die mit der heutigen Methodik meistens eine Klärung der Diagnose ermöglichen. Bei den ganz wenigen übrigbleibenden Patienten, bei denen dies nicht zutrifft, und die ernstlich krank sind, müssen ausgedehntere Forschungsuntersuchungen erwogen werden, die in einem dafür spezialisierten Zentrum geplant und durchgeführt werden.

2.2.2.1.5. Die Antikörpermangel-Syndrome (Tabelle 36). Als Antikörpermangel-Syndrom (AMS) definiert man einen Zustand, in welchem der Organismus nicht imstande ist, nach antigener Stimulation genügende Mengen humoraler Antikörper herzustellen und/oder in Zirkulation zu halten [B 2]. Diese Definition erweitert den Begriff der A-γ-Globulinämie in wertvoller und notwendiger Weise, indem das Gewicht nicht auf den aktuellen Gehalt des Serums an γ-Globulin gelegt wird, sondern auf die Fähigkeit zur Reaktion auf Antigenreize, die aufgrund der Synthese von spezifischen Antikörpern gemessen werden kann. Aus der klinischen Erfahrung ist die Bedeutung dieser Unterscheidung erwiesen: einerseits gibt es Patienten mit Hypo-γ-Globulinämie, die prompt und ausgiebig auf einen Antigenstimulus reagieren können; anderseits ist in gewissen Fällen trotz normalem oder sogar erhöhtem γ-Globulin-Gehalt die spezifische Prägung dieser Immunglobuline zu Antikörpern nicht möglich. Wegen dieser komplexen Genese muß das AMS sowohl im Kapitel der Proteinverlust-Syndrome, als auch bei den Synthesestörungen, als auch bei zahlreichen sekundären Stö-

Tabelle 36. Antikörpermangel-Syndrome (AMS)

1. Idiopathische AMS: primäre Synthese-Störung
  1.1. *Hereditäre Entwicklungs-Hemmung*
      1.1.1. A-γ-Globulinämie der Knaben
             (rezessiv geschlechtsgebunden vererbt)
      1.1.2. Kombiniertes Immunmangel-Syndrom
      1.1.3. Isolierte Störungen einzelner Immunglobulin-Fraktionen (IgA,
             IgM)
      1.1.4. Retikuläre Dysgenesie
  1.2. *Idiopathisches isoliertes AMS ohne nachgewiesene hereditäre Fixie-*
       rung
  1.3. *Erworbenes idiopathisches AMS*

2. Symptomatische AMS = Begleit-AMS: sekundäre Störung
  2.1. Bei neoplastischen Prozessen des lympho-retikulären Gewebes
      2.1.1. Bei malignen Lymphomen (Leukämie, Myelom, Makroglobu-
             linämie)
      2.1.2. Bei malignen Granulomen (M. Hodgkin)
      2.1.3. Bei Thymom
  2.2. Nach Splenektomie
  2.3. Bei endokrinen und metabolischen Erkrankungen
  2.4. Bei Protein-Verlust-Syndrom
  2.5. Bei/mit Autoimmun-Erkrankungen
  2.6. Bei anderen Leiden:
      – Perniziosa
      – Hämoglobinopathie
      – nach ionisierender Bestrahlung
      – nach zytostatischer Therapie

3. Frühkindlich transistorische AMS
  3.1. Konnatale A-γ-Globulinämie
  3.2. Physiologische Hypo-γ-Globulinämie des Säuglings
  3.3. Pathologische Hypo-γ-Globulinämie
      3.3.1. bei Frühgeborenen
      3.3.2. bei verzögerter Ausreifung der Immunglobuline

rungen zur Sprache kommen (Tabelle 36). Auf der andern Seite
rechtfertigt sich die Zusammenfassung in einem besonderen Kapitel
wegen einheitlicher klinischer Charakteristika mit Infektanfälligkeit
als Leitsymptom und wegen der identischen Untersuchungstechnik.
Den idiopathischen AMS liegt eine primäre Synthesestörung zugrunde (s. S. 92). Die seltenen genetisch fixierten, familiären Erkrankungen sind sehr ausführlich untersucht (s. S. 94). Genau

gleichartige Störungen kommen auch ohne hereditäre Fixierung vor, entweder als kongenitale Leiden (1.2. in Tabelle 36) oder mit Manifestation im späteren Leben (1.3.). Die bei den hereditären Fällen angenommene genetisch fixierte Repression des Organisatorgens tritt in diesen Fällen entweder infolge einer Mutation (sporadisch) auf, oder sie wird im Laufe des Lebens aus unbekannten Gründen erworben. In großen Sippen konnten scheinbar sporadische spätmanifeste Fälle gehäuft gefunden werden, woraus auch hier auf eine hereditäre Fixierung geschlossen wurde.

Als symptomatisches AMS sind alle Störungen zusammengefaßt, die sich sekundär auf den Ig-Spiegel auswirken. Ihre Genese ist vielfältig: primäre Erkrankungen des antikörperbildenden Systems selber (2.1.), Resektion eines beträchtlichen Anteils dieses Gewebes (2.2.), allgemeine Stoffwechselstörungen, die das lymphatische Gewebe mitbetreffen (2.3., z. B. Hypothyreose mit Verlangsamung aller Stoffwechsel-Prozesse), sekundärer Verlust normal gebildeter Antikörper (2.4., vgl. S. 165), sowie indirekte Schädigung des lymphatischen Systems im Rahmen hämatologischer Erkrankungen oder deren Behandlung (2.6.). Bei den Autoimmunkrankheiten (2.5.) bestehen Hinweise dafür, daß die Kausalität umgekehrt ist, d. h. daß Immunmangel eher eine Voraussetzung als eine Folge von Autoimmunprozessen ist (s. S. 187).

Das frühkindliche transitorische AMS (3.) ist in der Pädiatrie wichtig (Abb. 18). Die konnatale Agammaglobulinämie (3.1.) wurde in seltenen Fällen beobachtet, wenn eine a-γ-globulinämische Mutter ein gesundes Kind zur Welt brachte [H 7]. Bei diesen Kindern kann man die Entwicklung der eigenen Immunglobulinbildung isoliert beobachten, sie sind aber während der ganzen hypo-γ-globulinämischen Phase latent gefährdet und sollten deswegen heute sofort mit γ-Globulin behandelt werden. Die physiologische Hypo-γ-Globulinämie (3.2.) ist bei der Beurteilung von Immunglobulinwerten in den ersten Lebensjahren zu beachten (Normalwerte Abb. 18). Als pathologisch (3.3.) bezeichnen wir alle Werte, die unterhalb der 10. Perzentile für die Normalwerte am Termin geborener Säuglinge liegen. Als klinisch gefährliche Grenze gibt man eine IgG-Konzentration von 2 g/l an, und als alarmierender Wert, der praktisch immer eine Behandlung notwendig macht, gilt 1 g/l. Bei Frühgeborenen (3.3.1.) können diese Werte unterschritten wer-

172

den (s. S. 80), so daß bei ihnen bei jedem Anzeichen eines Infektes
γ-Globulin-Injektionen indiziert sind.

Klinisch recht bedeutsam ist die Verzögerung der Immunglobulin-
ausreifung (3.3.2.), weil sie häufig vorkommt, oft zu lästigen und
gelegentlich zu gefährlichen Infekten führt, und weil sie therapeutisch gut beeinflußt werden kann. Ätiologisch ist zuerst ein Mangel
an Antigenreizen zu erwägen. Dafür spricht die Analogie zum Tierversuch (keimfrei aufgezogene Tiere haben außerordentlich niedrige γ-Globulin-Werte), sowie umgekehrt die Beobachtung von Hy-
per-γ-Globulinämien bei intensiver chronischer Antigenstimulation
(z. B. bei Malaria oder Parasiteninfestation). Dementsprechend sind
therapeutisch kräftige und wiederholte Antigenstimuli durch die
üblichen Toxoidschutzimpfungen zu empfehlen, die nicht etwa unterlassen, sondern im Gegenteil sogar intensiviert werden sollen (5-
bis 6fache Impfung statt der üblichen 3fachen).

Bei rezidivierenden Infekten führen wir ferner eine kurzfristige
Substitutionstherapie durch (3–5 Injektionen γ-Globulin in 3-wö-
chigen Intervallen in voller Dosierung von 1 ml/kg intramuskulär).
Meistens kommt es nicht nur in der unmittelbar anschließenden
Phase zu einer klinischen Besserung, sondern auch später zu einer
bleibenden Normalisierung der Immunglobuline mit klinischer Heilung. Nach unserer Arbeitshypothese kann sich das noch wenig ent-
wickelte, aber ständig überbeanspruchte Immun-System in der
Phase der exogenen Ersatztherapie wirksam und bleibend erholen.
Dies widerspricht zwar der Hemmung der Ig-Synthese durch hohe
Blutspiegel (Rückkopplung) und dürfte auch mit aufwendigeren
(und ethisch nicht vertretbaren) Versuchsanordnungen schwer zu
beweisen sein. Der „klinische Eindruck" muß dem Leser hier vorläufig genügen.

2.2.2.2. Reaktionen bei Malignomen

Autonom proliferierende Gewebe haben verschiedene Auswirkungen auf ihren Wirts-Organismus: Auf Schädigungen der akuten
Phase reagiert der Körper mit vermehrter Bildung von AP-Proteinen. Schädigung und Wirts-Reaktionen können bei einzelnen Malignomen besondere Akzente aufweisen, wie z. B. unkontrollierte
Aktivierung von Gerinnungsprozessen bei Prostatakarzinom oder
promyelozytärer Leukämie. Zusätzliche Prozesse können das Pro-

teinogramm beeinflussen, wie enteraler Proteinverlust bei Kolon-
karzinom, oder Proteinmangel bei Tumorkachexie. Alle diese Veränderungen sind unspezifisch, weisen eine große individuelle
Schwankungsbreite auf und beeinflussen das klinische Erscheinungsbild im Einzelfall in ganz unterschiedlichen Richtungen; sie
können für eine palliative symptomatische Therapie von Bedeutung
werden.

„Krebsteste"

Was man aber seit langem intensiv sucht, sind Reaktionen oder
Stoffe, die für Krebs spezifisch sind. Für ihren Nachweis ist ein Test
zu fordern, der bei allen Trägern von Malignomen überhaupt oder
bei allen Patienten mit bestimmten Neoplasien positiv, bei Gesunden dagegen negativ ausfällt. Zur Verwendung auf breiter Basis
müßte der ideale Suchtest zudem einfach, billig und wenig störanfäl-
lig sein. — Leider gibt es heute keine Probe, die auch nur einen Teil
dieser Forderungen erfüllen könnte; zahlreiche, zunächst sensatio-
nell erscheinende Mitteilungen aus den letzten Jahren haben sich als
unrichtig oder enttäuschend erwiesen.
Immerhin können heute drei Gruppen von praktisch brauchbaren
„Tumor-Antigenen" abgegrenzt werden:
1. Durch onkogene Viren manifest werdende Zellmembran-Marker.
2. Individuelle Antigene spezieller Tumoren (z. B. Melanom-Anti-
gene) und
3. Onkofetale Antigene.
Nur die letzte Gruppe ist hier zu besprechen; tatsächlich erfüllt sie
die aufgestellten Postulate wenigstens teilweise. Heute sind 4 Proteine (α_1- und γ-Foetoprotein, karzino-embryonales und β-onkofe-
tales Antigen) chemisch teilweise definiert (s. S. 37 und Tabelle 7),
deren Nachweis bei Malignomen klinisch von Interesse ist [C 10,
D 5, F 11, J 1, M 1]. Sie werden in gewissen Phasen der Embryonal-
nal- und Fetalentwicklung in großen Mengen, in der postnatalen Pe-
riode aber nur noch in Spuren gebildet, dagegen kann ihre Synthese
in Malignomzellen reaktiviert werden (Derepression). Sie wurden
mit Hilfe spezifischer Antiseren entdeckt, die auch heute noch für
ihren Nachweis unentbehrlich sind. Radioimmunologisch können sie
in sehr geringen Konzentrationen exakt gemessen werden, allerdings ist der Aufwand dafür sehr erheblich. Dank dieser Steigerung

174

der methodischen Empfindlichkeit konnte nachgewiesen werden, daß alle diese Proteine auch bei gesunden Erwachsenen in geringen Konzentrationen vorkommen, und man mußte (willkürlich) eine obere Grenze des Norm-Bereiches festlegen (z. B. beim CEA 2,5 µg/l). Ferner kommen diese Proteine auch in anderen Körperflüssigkeiten als im Plasma vor, z. B. CEA in Verdauungssäften aus verschiedenen Abschnitten des Magen-Darmkanals [G 12]. Der Übergang embryonaler Proteine vom fetalen in den mütterlichen Kreislauf erfordert weitere Konzessionen bei der Festsetzung von Normalwerten bei Schwangeren (Abb. 15). Schließlich können Infekte, vor allem im Magen-Darm-Kanal lokalisierte, zur vorübergehenden Konzentrations-Erhöhung beitragen; man hat deswegen eine Wiederholung positiver Teste nach Abklingen entzündlicher Erscheinungen verlangt, also mindestens zweimalige Bestimmung. — Der Wert dieser „Krebsteste" wird durch alle diese Einschränkungen und Erschwerungen empfindlich beeinträchtigt.

Andererseits kann aber festgehalten werden, daß CEA oder BOFA bei fast allen Patienten mit Karzinomen des Magen-Darmkanals, und α_1-Foetoprotein bei den meisten Trägern eines primären Leberkarzinoms oder Hepatoms stark vermehrt ist. Das Protein wird im Primärtumor und in den Metastasen synthetisiert. Die Bestimmung hat prognostische Bedeutung und ist für die Verlaufskontrolle wertvoll: Nach radikaler Resektion des Tumors sinkt die Konzentration des entsprechenden Antigens in den Norm-Bereich, bei Vorhandensein von Metastasen bleibt sie erhöht, und wenn später Metastasen wachsen, steigt sie erneut an [Z 1]. Das gleiche gilt für Patienten mit Lungenkarzinom, bei denen CEA in 68% der Fälle vermehrt gefunden wurde [V 2]. Schließlich können regelmäßige Kontrollen bei Patienten mit kolorektalen Adenomen, die in 15% eine CEA-Erhöhung aufweisen, wertvoll sein; wenn bei ihnen die Normalisierung nach der Abtragung des Tumors ausbleibt, muß intensiv nach einer malignen Entartung gesucht werden [D 5].

Die Berichte von Tal [T 1] über einen Serum-Faktor, der in vitro HeLa-Zellen agglutiniert, und der nur bei Schwangeren und bei sämtlichen Trägern aller Arten von Karzinomen positiv gefunden wurde, sind bisher unbestätigt geblieben.

Zusammenfassend kann heute gesagt werden, daß die jetzt verfügbaren „Krebsteste" noch nicht als Suchteste geeignet sind, da sie methodisch und finanziell zu hohe Ansprüche stellen. Sie können deswegen die konventionelle Karzinomdiagnostik keineswegs ersetzen und sogar kaum wesentlich ergänzen. Dagegen sind sie für wenige spezielle Malignomarten nach Sicherung der Diagnose zur Kontrolle von Verlauf und Therapieerfolg nützlich. In Anbetracht dieses Teilerfolges scheint es gerechtfertigt, auf diesem Wege nach weiteren Produkten maligne entarteter Zellen zu suchen. − Diese Suche ist keinesweges auf Plasmaproteine beschränkt, sondern kann alle möglichen Zell-Produkte mit umfassen, z. B. können Metaboliten die Anwesenheit stoffwechsel-aktiver pathologischer Zellen zuverlässig anzeigen (wie Katecholamine bei Malignomen des chromaffinen neuroendokrinen Gewebes).

2.2.2.3. Reaktionen bei Schwangerschaft

Verschiedene Proteine wurden als „schwangerschafts-spezifisch" oder „schwangerschafts-assoziiert" beschrieben (S. 38, Tabelle 7). Außer dem tatsächlich nur in der Gravidität vorkommenden SP 1 (B 10) erwiesen sie sich aber alle als unspezifische AP-Proteine. Ihr Nachweis spielt gegenüber den sehr präzisen und einfachen Hormontests in der Praxis keine Rolle.

Das gesamte Protein-Spektrum in der Schwangerschaft wurde von GANROT [G 2] durch Messung der Konzentration von 22 spezifischen Protein-Fraktionen untersucht. Er fand die AP-Proteine mit Ausnahme des Orosomucoids mäßig bis stark erhöht, Albumin stark und Präalbumin mäßig vermindert, Transferrin stark erhöht. Physiologisch interessant ist der Vergleich mit den Werten der Neugeborenen, bei denen vor allem eine mäßige bis ausgesprochene Verminderung der AP-Proteine auffällt (s. S. 83).

2.2.3. Dysproteinämie bei Leberleiden

Der Leber kommt im Protein-Stoffwechsel quantitativ bei weitem die wichtigste Rolle zu, da sie praktisch alle Plasmaproteine außer den Immunglobulinen synthetisiert. Erkrankungen und Schädigungen der Leber-Parenchym-Zelle haben wegen der damit verbundenen Synthese-Defekte erhebliche Rückwirkungen auf das Proteinogramm; außerdem werden alle anderen Leistungen der Leberzelle beeinträchtigt, insbesondere die Zell-Permeabilität (z. B. Austritt von Enzymen), die Exkretion (z. B. von Galle) und Stoffwechsel-funktionen (z. B. Glukuronidierung von Medikamenten). Auf der anderen Seite reagiert das Leber-Mesenchym auf Noxen mit entzündlichen Veränderungen, die zu Relationsverschiebungen der Plasmaproteine führen. Schließlich überlagern sich Reaktionen der akuten Phase als dritter Faktor. — Diese 3 Komponenten können folgendermaßen differenziert werden (Tabelle 37):

Tabelle 37. Differential-Diagnose von Leberleiden

	Akute Hepatitis	Chronische Hepatitis	Leber-zirrhose	Cholostase
Parenchym-Schädigung	+ +	(+) bis + +	(+) bis + +	− bis + +
Mesenchymale Reaktion	(+)	+	+ +	+ +
AP-Reaktion	+ +	+	−	−
Morphologie	Zell-Nekrose	entzündliches Infiltrat	Bindegewebs-Wucherung	Gallen-Stauung
Biopsie	entbehrlich	nötig	nötig	± nötig
Lipoprotein LpX	−	−	−	+

Die verminderte Proteinsyntheseleistung der geschädigten Paren-chym-Zelle führt zur Abnahme der Serumkonzentration des Ge-samt-Proteins und zahlreicher Einzel-Fraktionen, von denen Albu-min, Transferrin, Gerinnungsfaktoren, Cholinesterase und Komple-mentkomponenten besonders wichtig sind.

Die Reaktion des Mesenchyms erzeugt als zweites Kardinalsymptom eine γ-Globulin-Vermehrung. Diese kann so beträchtlich sein wie bei monoklonalen Immunglobulinen; die Unterscheidung ist aber schon in der Elektrophorese meistens relativ leicht möglich, da der γ-Gradient bei Leberschädigung breitbasig ist, im Gegensatz zum schmalbasigen spitzen Gipfel der MIg (Abb. 31). Man vermutet bei diesem breiten γ-Gradienten, der oft mit den β-Globulinen konfluiert, eine polyklonale Immunglobulinvermehrung. Diese kann mit spezifischen Einzelbestimmungen leicht bewiesen werden, indem alle drei Ig-Hauptfraktionen sowie die beiden Leichtketten-Typen $\varkappa$ und λ (Doppellinienmethode [B 3], Abb. 23) daran beteiligt sind. Auf diese Weise kann eindeutig auch die nicht ganz seltene Entwicklung eines MIg bei einem Patienten mit Leberparenchymschaden im zeitlichen Ablauf verfolgt und bewiesen werden.

Die Reaktion der akuten Phase ist nicht organspezifisch und daher von geringem diagnostischen Nutzen. Sie kann ausbleiben oder im Anstieg der Einzelproteine dissoziiert sein, weil die Synthese der AP-Proteine selber infolge des Leberschadens beeinträchtigt sein kann.
Die klinischen Erscheinungsformen sind sehr vielfältig und müssen im folgenden stark schematisiert werden, wobei die Protein-Veränderungen hervorgehoben werden.

2.2.3.1. Akute Hepatitis

Zahlreiche Agentien (infektiöse, toxische, stoffwechselbedingte etc.) erzeugen eine Leberzellschädigung, die häufig mit entzündlichen Zeichen einhergeht. Aus dem komplexen Schädigungs- und Reaktionsmuster wird hier als Sonderfall die akute Hepatitis B herausgegriffen: morphologisch ist sie durch lobuläre Einzel-Zell-Nekrosen charakterisiert, wobei eosinophile „Councilmanbodies" den Zelltod anzeigen. Hepatitis B-Virus (HB-Antigen) wird auf diese Weise aus dem Lebergewebe eliminiert und findet sich deswegen nur ausnahmsweise in einzelnen Zell-Kernen; man spricht deswegen vom (günstig verlaufenden) Eliminationstyp [B 9] (Abb. 32).
Die AP-Proteine sind vermehrt, jedoch dissoziiert, indem z. B. das α_{1AT} stark erhöht, das Haptoglobin jedoch oft vermindert ist. Albumin und Präalbumin sind regelmäßig vermindert. Die Immunglobuline zeigen als einzige regelmäßige Abweichung von der Norm nur bei Hepatitis A IgM-Vermehrung. Anzeichen einer Komplementaktivierung fehlen. α-Lipoprotein-Verminderung geht mit hohen Enzymwerten parallel [G 9, K 4]. − Außer den Plasmaproteinen sind in dieser Phase die intrazellulären Enzyme wichtig, deren Aktivitäts-Erhöhung im Blut den Grad der Permeabilitätsstörung anzeigt (Abb. 33). Das Erscheinen spezifischer Antikörper gegen HB

178

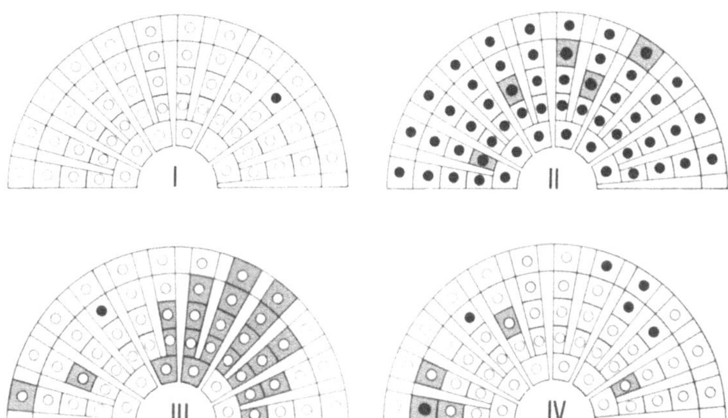

Abb. 32. Hepatitis nach Infektion durch das Hepatitis-B-Virus (aus [B 9]).

I: „Eliminations-Typ": Hepatitis-B-Virus (HB) ist nicht nachweisbar; ev. findet sich in einzelnen Zellkernen (schwarz) der Core-Anteil (HB_C). − Akute Hepatitis.

II: „Immunosuppressions-Typ": HB_C-Prädominanz (schwarze Zellkerne); selten auch HB_S im Plasma (graues Zellplasma). − Chronisch persistierende Hepatitis.

III: „nicht-aggressiver Typ" = HB_S-Prädominanz.

IV: „aggressiver Typ" = HB_{C+S}-Prädominanz

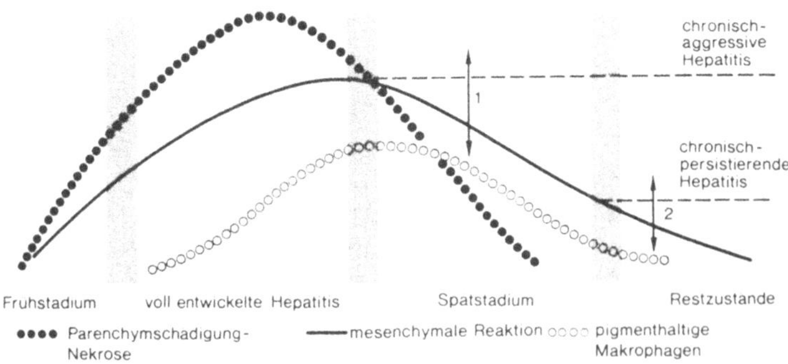

Abb. 33. Verlauf der Infektion mit Hepatitis-B-Virus: zeitliche Verschiebung zwischen Parenchymschädigung (. . . . .) und mesenchymaler Reaktion (———). Bei Überhandnehmen von Zellnekrosen kommt es zum Tod im Lebercoma. Bei unvollständiger Elimination des Virus entsteht eine chronische Hepatitis (aus [B 9])

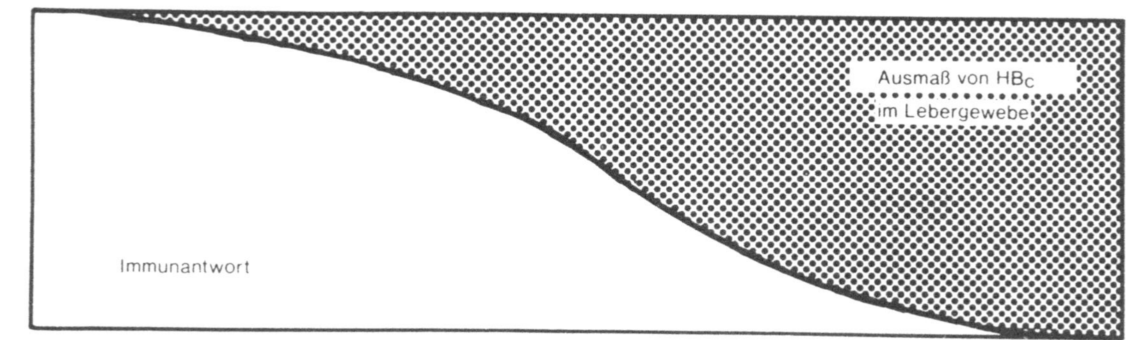

Abb. 34. Immunitätslage bei den verschiedenen Formen der Hepatitis (aus [B 9]: je schwächer die Immunantwort, desto mehr HB-Virus persistiert. Zur Beziehung mit klinischen Befunden siehe Abb. 32

nach 2–4 Wochen ist ein Zeichen der mesenchymalen Reaktion. Anti-HB$_c$ wird schon 10–20 Tage nach der Infektion nachweisbar, Anti-HB$_s$ dagegen oft erst nach mehreren Wochen. Die unkomplizierte akute Hepatitis heilt in 3 Wochen bis 3 Monaten ohne Leberschaden aus.

2.2.3.2. Chronische Hepatitis

Bei der chronischen Hepatitis dominiert das entzündliche Infiltrat, d. h. die Reaktion des Mesenchyms [B 9]. Man unterscheidet die chronisch aggressive Hepatitis mit herdförmigen Parenchym-Nekrosen und entzündlichen periportalen Infiltraten und die chronisch persistierende Hepatitis ohne Parenchymschaden.

In den Leberzellen findet man bei Hepatitis B regelmäßig das Virus, und zwar entweder den zentralen Anteil des Virions (HB$_c$- von core) in den Zellkernen oder das Oberflächen-Antigen (HB$_s$- von surface) im Zytoplasma der Leberzellen. Bei der chronisch-persistierenden Form mit intensiver Immunantwort überwiegt HB$_s$, während bei völlig darniederliegender Immunität vor allem HB$_c$ vorhanden ist (Abb. 32 und 34). Die chronisch aggressive Hepatitis ist demgegenüber durch simultanes Vorhandensein von HB$_c$, HB$_s$ und spezifischen Antikörpern in etwa gleichen Mengen gekennzeichnet; die in der Äquivalenz-Zone auftretenden Immunkomplexe schädigen die Leberzellen und stimulieren die entzündliche Reaktion (S. 189, Abb. 34).

Die HB-Antigene (HB$_c$ und HB$_s$) werden mit Hilfe von fluorescein- oder rhodamin-markierten spezifischen Antiseren im Gewebe nachgewiesen. — Reaktivierung oder Remission können im Verlauf jedes Einzelfalles in unberechenbarer Weise vorkommen. Die ebenfalls wichtigen Störungen zellulärer Immunmechanismen werden hier nicht besprochen.

Für das Hepatitis-A-Virus sind die Verhältnisse noch ganz unklar.

Im Proteinogramm treten die Reaktionen der akuten Phase in den Hintergrund, und die Proteinsynthese-Störungen wirken sich in unterschiedlichem Maße aus. Die mesenchymale Reaktion beherrscht das Bild mit starkem Anstieg der Immunglobuline. Deren Differenzierung erlaubt Aussagen über den Grad der entzündlichen Reaktion: In der Heilungsphase einer akuten Hepatitis kann IgM selektiv mäßig bis stark erhöht sein. Beim Übergang in die Chronizität nimmt die Konzentration aller 3 Immunglobuline zu (IgG > IgA > IgM) [F 4, G 10].

2.2.3.2.1. *Chronisch-persistierende Hepatitis.* Parenchymstörungen sind gering, die Mesenchym-Reaktion kann völlig fehlen (z. B. bei Nieren-Transplantierten unter intensiver Immunsuppression). Das Proteinogramm kann also im Extremfall normal sein, während die Patienten enorme Mengen Hepatitis B-Virus beherbergen und ausscheiden (Gefährdung der Umgebung).

2.2.3.2.2. *Chronisch-aggressive Hepatitis.* Parenchym- und Mesenchym-Veränderungen sind intensiv: Verminderung der leberabhängigen Proteine, Vermehrung der Immunglobuline. Die Ig-Zunahme ist Folge der versagenden Filterfunktion der Leber, die normalerweise Antikörper aus dem Splanchnikus-Gebiet abfängt. Die häufige Verminderung von C 1, C 2, C 3 und C 4 kann sowohl aus ungenügender Synthese als auch aus vermehrtem Verbrauch von Komplement resultieren. Schließlich können Auto-Antikörper gegen Leber- und andere Gewebe auftreten (deswegen auch die Bezeichnung „lupoide Hepatitis").

2.2.3.3. Leberzirrhose

Die mesenchymale Reaktion führt bei der Zirrhose vorwiegend zur Bildung von Bindegewebe, das die Leber-Parenchym-Zellen allmählich erdrosselt.

Die Plasmaproteinbefunde unterscheiden sich nicht prinzipiell, sondern nur graduell von denen bei chronischer Hepatitis: Bei schwerer Leberzell-Schädigung kann die Albuminkonzentration bis auf < 10 g/l absinken, wobei Ödeme und Aszites auftreten. Dagegen kann der Albumingehalt bei Patienten mit „Leberzirrhose in Remission" (d. h. ohne Aktivitätszeichen, wie z. B. bei abstinenten ehemaligen Alkoholikern) sich ganz normalisieren; in diesen Fällen ist die Verminderung von Präalbumin oder Prothrombin das empfindlichste Zeichen einer weiterbestehenden Leberschädigung [H 3]. — Ebenso können die AP-Proteine bei inaktiver Zirrhose völlig normal oder sogar vermindert sein (z. B. Haptoglobin und Orosomucoid), aber bei Reaktivierung wieder stark ansteigen. — Die

182

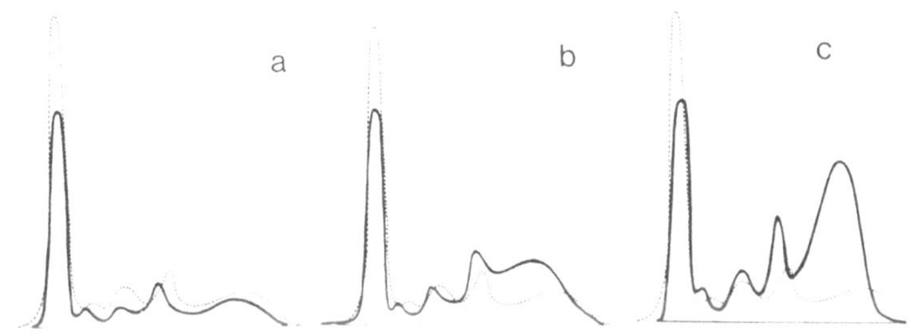

Abb. 35. Elektropherogramme bei Leber-Erkrankungen

g/l	GP	Albumin	α_1	α_2	β	γ
a) Akute Hepatitis	47	24	3	4	7	9
b) Chron.-aggressive Hepatitis	75	26	4	6	11	28
c) Leber-Zirrhose	95	22	5	11	12	45

γ-Globulin-Zacke ist breit und hoch und kann in die β-Bande übergehen; ihre Gesamtmenge kann 70 g/l erreichen (Abb. 35). An dieser Immunglobulin-Vermehrung sind alle Klassen beteiligt, meistens ebenfalls in der Reihenfolge von IgG > IgA > IgM. Sie ist ebenso aus dem mangelnden Abfangen von Ig zu erklären, wie bei der chronisch-aggressiven Hepatitis, nur daß sie sich im Falle der Zirrhose aus der Umgehung der Leber erklärt. Es wurde behauptet, daß bei alkoholischer Zirrhose IgA selektiv vermehrt sei, was aber z. B. in Japan nicht bestätigt wurde [K 3]. Beim Vergleich der Angaben verschiedener Autoren über Ig-Veränderungen fallen große Diskrepanzen auf (Abb. 36). Während diese inkonstanten Relations-Verschiebungen oft überbewertet werden, vergißt man häufig die wichtige Tatsache, daß Ig-Vermehrung immer nur in entzündlich aktiven Stadien vorkommt.

Nur die selektive Erhöhung des IgM erweist sich als konstantes Zeichen der biliären Zirrhose. Die AP-Proteine sind bei aktiver Zirrhose vermindert.

Nur wenn bei einem speziellen Patienten kein plausibler Grund für die Entstehung einer Leberzirrhose vorliegt, wird man an die früher erwähnten „stoffwechselbedingten Zirrhosen" denken und entsprechende Untersuchungen einleiten (Coeruloplasmin- und α_{1AT}-Bestimmung, Suche nach Galaktosämie etc., S. 104 und S. 107).

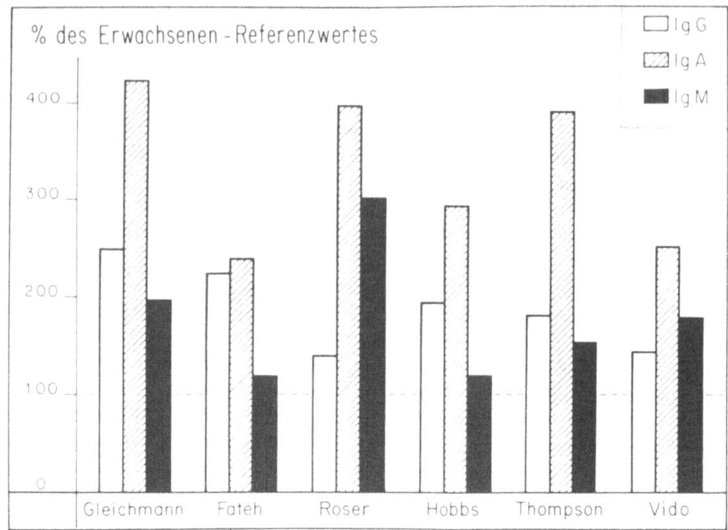

Abb. 36. Immunglobuline bei Leber-Zirrhose. Die Angaben verschiedener Autoren zeigen ähnliche Tendenz, jedoch erhebliche Diskrepanzen (aus [S 21])

2.2.3.4. Cholostase

Das Ausmaß der Leberzellschädigung bei Erkrankungen mit Gallenstauung ist außerordentlich unterschiedlich und vor allem von der Ursache sowie von der Dauer der Veränderung abhängig (Tabelle 37).

Als zuverlässiges und pathognomonisches Zeichen wird ein anomales Lipoprotein (LpX) beobachtet, dem erheblicher diagnostischer Wert zukommt (S. 67). Sekundäre Veränderungen der anderen (normalen) Lipoproteine kommen bei allen Leberleiden vor (s. S. 194).

Untersuchungsgang

Routine-Untersuchungen geben zuverlässige Hinweise auf Leber-Parenchym-Schädigung (Hypoproteinämie, Albumin-Verminderung) und Mesenchym-Reaktion (hohe Senkungsreaktion, Hyper-γ-Globulinämie).

184

Spezielle Untersuchungen. Von einzelnen Protein-Fraktionen sind vor allem die 3 Ig wichtig, deren Mengenverhältnisse einige Differenzierung erlauben; die Schätzung, daß bei über 90% der Fälle die Diagnose dadurch eindeutig gesichert werden könne [S 21], scheint uns aber der beobachteten Komplexität nicht gerecht zu werden. Gerinnungsfaktoren (bes. Prothrombin und Fibrinogen) erlauben eine rasche Orientierung über den Grad der Parenchymstörung und sind zur Erkennung einer Blutungsneigung unmittelbar praktisch wichtig. — Die früher viel gebrauchten „Serum-Labilitäts-Proben" sind völlig obsolet geworden.

Weitere Methoden. Veränderungen der Plasmaproteine nehmen in der Diagnostik von Leberkrankheiten einen wichtigen Platz ein. Die Wertigkeit anderer diagnostischer Möglichkeiten (neben Anamnese und klinischen Befunden) ist etwa folgendermaßen zu umschreiben (Tabelle 37): In der akuten Phase, in der die Parenchymschädigung abgeschätzt werden muß, zeigen Blut-Aktivitäten intrazellulärer Enzyme (Transaminasen, Phosphatasen, Peptidasen und Transpeptidasen) frühzeitig empfindlich und schnellreagierend Störungen der Membran-Permeabilität an. Die Exkretions-Leistung kann durch Bilirubin-Bestimmung in Blut und Urin gemessen werden. Nach wenigen Tagen sind Plasmaproteine mit schnellem Umsatz (Gerinnungsfaktoren) und AP-Proteine (CRP, Haptoglobin) verändert. Langfristig Albumin vermindert, Immunglobuline vermehrt.

Nur bei anhaltender entzündlicher Reaktion (Dauer der Symptome > 3 Monate) ist eine Biopsie zur Beurteilung nötig. Für die weitere Kontrolle des Verlaufs genügen dann Enzym- und Proteinbefunde, die häufig wieder erhoben werden können. Die Notwendigkeit zur Wiederholung der Leberbiopsie muß aus klinischen Daten abgeleitet werden.

2.2.4. Autoimmun-Krankheiten

Die Vorstellung, daß Immunmechanismen körpereigene Gewebe angreifen, wurde bereits von EHRLICH erwogen; sein Ausdruck „horror autotoxicus" sollte diese Möglichkeit als unwahrscheinlich kennzeichnen. Spätere Autoren faßten den „Horror" aber als gesetzmäßige Unmöglichkeit zur Reaktion gegen körpereigene Gewe-

Kriterien, die erfüllt sein müssen, um eine Krankheit als autoimmun bedingt zu erklären [M 2]:
1. Nachweis freier, zirkulierender oder zellgebundener Antikörper, die bei Körpertemperatur aktiv sind.
2. Erkennung des spezifischen Antigens, gegen das der Antikörper gerichtet ist.
3. Produktion des gleichen Antikörpers im Tierversuch.
4. Reproduktion der gleichen Krankheit beim Versuchstier nach aktiver Sensibilisierung mit dem spezifischen Antigen.
(Ev. 5. Übertragung der Krankheit durch antikörperenthaltendes Serum oder durch immunologisch stimulierte lymphoide Zellen.)

be auf. Die Forschung auf dem Gebiet wurde dadurch während etwa 50 Jahren unterdrückt, obschon immer wieder einzelne klinische Beobachtungen vorgebracht wurden, die diese Auffassung widerlegten. Erst der eindeutige Nachweis von spezifischen lytischen Antikörpern gegen Erythrozyten [C 6] hat den positiven Beweis für ein Autoimmun-Phänomen erbracht. Bald danach schlug das Pendel allerdings auf die Gegenseite aus, indem die Bezeichnung „Autoallergie" oder „Autoaggression" häufig vorschnell und leichtfertig verwendet wurde. Die von MILGROM und WITEBSKY [M 2] aufgestellten Kriterien sollten beachtet werden, wenn ein Phänomen als autoimmun erklärt wird (Tabelle 38). Sie können in der Humanmedizin oft nicht ganz erfüllt werden, zwingen den Kliniker aber zum kritischen Überdenken seiner Beobachtungen am Patienten und zur Vorsicht in seinen Behauptungen und Hypothesen.
Entsprechend der Zweiteilung des Immunsystems unterscheidet man humorale und zelluläre Autoimmunphänomene. Eine saubere Trennung ist allerdings häufig nicht möglich, da Überschneidungen und Wechselwirkungen vorkommen. Im Rahmen des Themas ist die Beschränkung auf Veränderungen der Plasmaproteine gegeben. Die beobachteten Phänomene sind farbig und scheinbar uneinheitlich; auf Grundsätze der Veränderungen des Proteinogrammes reduziert, ist allen eine Kombination von primären Reaktionen der akuten Phase und sekundären Reaktionen der chronischen Entzündung gemeinsam. Mit der letzteren geht eine polyklonale Vermehrung der Immunglobuline einher, die nicht von derjenigen bei chronischer

Tabelle 39. Polyklonale Hyper-γ-Globulinämie. Vorkommen bei verschiedenen Krankheiten

---

Chronische Entzündung
Subakute und chronische Hepatitis
Leberzirrhose
Malignome:
  Karzinome
  Lymphome
  Retikulosen
  Granulomatosen
Autoimmun-Krankheiten
Kollagen-Krankheiten
Essentielle Hyper-γ-Globulinämie
  Purpura hyperglobulinaemica
  Calcinosis hyperglobulinaemica
  Neuroencephalopathia hyperglobulinaemica

Entzündung anderer Ätiologie oder bei Leberleiden unterschieden werden kann (Tabelle 39). Die meistens vorhandene Vermehrung der Proteine der akuten Phase (AP-Proteine) ist nützlich, genügt aber nicht für eine klare Differenzierung von Leberleiden, bei denen einzelne AP-Proteine (besonders Haptoglobin und Orosomucoid) oft vermindert sind.

Die polyklonale Erhöhung der Immunglobuline ist sekundär mit einer Reihe von physiko-chemischen und biologischen Phänomenen verbunden, die viele klinische Symptome erklären. Sie gleichen den Auswirkungen von monoklonalen Immunglobulinen (MIg), bei denen diese Zusammenhänge (s. S. 124) ausführlich besprochen werden (Tabelle 27).

Auto-Antikörper erkennen und schädigen spezifisch bestimmte Organe oder Strukturen. Eine klinisch orientierte Einteilung wird dementsprechend von den geschädigten Organen ausgehen (Tabelle 40). Den klar abgrenzbaren Organ-Läsionen steht als große Gruppe die Erkrankung des überall vorhandenen Bindegewebes gegenüber; sie wurde als Komplex der „Kollagenosen" zusammengefaßt, was sich aus vielen Gründen bewährt hat und heute allgemein üblich ist (Tabelle 40).

Das Vorhandensein und die spezifische Wirkung der einzelnen Autoantikörper muß mit speziellen Techniken nachgewiesen werden,

Tabelle 40. Autoimmun-Krankheiten, Klinik

1. Organ-spezifische Autoimmun-Krankheiten
Nervensystem: Multiple Sklerose, subakute sklerosierende Panenzephalitis
Augen: Iridozyklitis, Phako-Anaphylaxie, sympathische Ophthalmie
Endokrine Organe: Thyreoiditis (Hashimoto), Addisonsche Krankheit; idiopathischer Hypoparathyreoidismus; autoimmune Polyendokrinopathie
Blut: Autoimmun-hämolytische Anämie, Kälte-Hämoglobinurie, paroxysmale nächtliche Hämoglobinurie, thrombozytopenische Purpura; Perniziosa
Magen-Darm-Kanal: Colitis ulcerosa
Muskulatur: Myasthenia gravis
2. Kollagen-Krankheiten
Systemischer Lupus erythematodes
Rheumatische Erkrankungen
Dermatomyositis
Periarteriitis nodosa
Sklerodermie, Sjögren-Syndrom, Raynaud-Syndrom

die dem Gebiet der Serologie angehören. Verschiedene methodische Richtungen haben sich weitgehend selbständig entwickelt: Die Blutgruppenserologie war deswegen führend, weil zahlreiche anti-erythrozytäre Antikörper durch den sichtbaren Endeffekt der Erythrozyten-Agglutination oder -lyse und später durch den Coombstest mit hoher Empindlichkeit nachgewiesen werden konnten. Die Amplifikation durch das Komplementsystem wird schon seit den frühen Anfängen der Serologie in der Wassermann-Reaktion benutzt. Später kamen Immunfluoreszenz- und Radio-Immun-Methoden hinzu, mit denen heute eine große Anzahl organspezifischer Antikörper nachgewiesen werden kann. Dabei werden Schnitte des entsprechenden Organs mit dem Patientenserum inkubiert, so daß Antikörper sich an korrespondierende Gewebe binden können. Dieselben werden nach Wegspülen aller nicht fixierten Proteine mit einem Fluorescein-markierten Tierserum gegen menschliche Immunglobuline nachgewiesen und morphologisch lokalisiert. Eine sehr häufige Nebenreaktion bei Autoimmunkrankheiten ist der Verbrauch von Komplement. Wenn erhöhte Utilisation nicht mehr durch entsprechende Synthesesteigerung kompensiert werden kann, sinkt der Spiegel der betreffenden Komponente ab. Die Be-

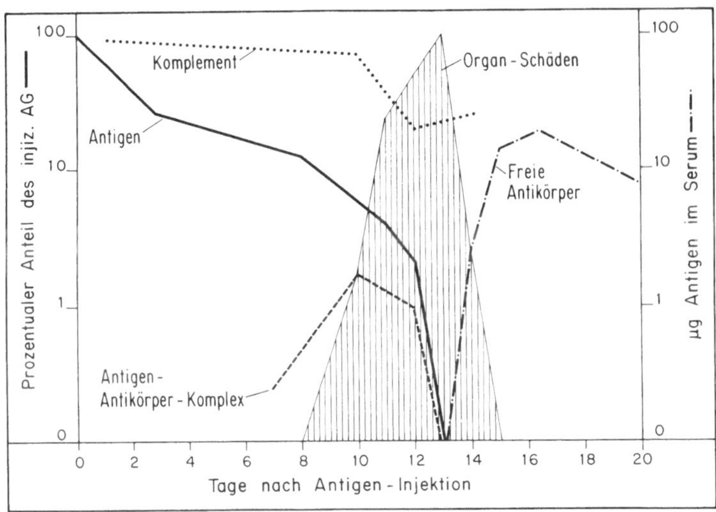

Abb. 37. Normaler Verlauf einer Immunisierung: Nach Einsetzen der Antikörperbildung (etwa am 6. Tag) wird Antigen in steigender Menge in zirkulierenden Immunkomplexen gebunden. Bei stetiger Zunahme der Antikörpermenge verschwinden am 12. bis 13. Tag Antigen und Immunkomplexe, und unmittelbar nachher werden freie Antikörper im Serum nachweisbar; während der Phase der zirkulierenden Immunkomplexe treten Organschädigungen auf (Niere, Herz, Gehirn u. a.). − Bei Insuffizienz der Antikörperbildung bleibt das Aequivalenz-Stadium mit zirkulierenden Antigen-Antikörper-Komplexen während langer Zeit bestehen, und es kommt zu chronischen Organschädigungen (Immun-Komplex-Krankheiten)

stimmung der in der größten Konzentration vorliegenden und funktionell zentralen Komponente C 3 hat sich in der Klinik bewährt. Sie ist technisch relativ einfach und wird deswegen zur Verlaufskontrolle verschiedener Krankheiten benutzt (Lupus erythematodes, Immunkomplex-Nephritis). Höhere Empfindlichkeit kann durch Messung von C 4, C 1q und C 1r erreicht werden, die Erfahrungen in der Klinik sind aber noch beschränkt.

Bei vielen Autoimmunkrankheiten werden schädigende Effekte durch zirkulierende Antigen-Antikörper-Komplexe ausgelöst. Diese entstehen bei Äquivalenz von Antigen- und Antikörpermenge [C 5]. Im Verlaufe einer normalen Immunisierung wird diese Phase am 7.−11. Tag erreicht, aber schnell durchschritten (Abb. 37): Zu

Beginn überwiegt das Antigen, mit zunehmender Antikörperbildung wird es in steigender Menge gebunden bis zur Äquivalenz, und dann rasch durch die zunehmenden Antikörpermengen ganz beseitigt. Die Persistenz eines Gleichgewichtszustandes von Antigen und Antikörper kommt nur bei insuffizienter Antikörperbildung vor. Eine Reihe weiterer Anzeichen deutet ebenfalls darauf hin, daß Autoimmunkrankheiten mit Immunmangel einhergehen, vor allem Verminderung oder Gleichgewichtsstörung einzelner Immunglobuline.

Das Vorliegen zirkulierender Antigen-Antikörper-Komplexe kann durch die Bindung von C 1q quantitativ nachgewiesen werden; diese Teilkomponente des Komplements wird hochgereinigt und radioaktiv markiert dem Patientenserum beigegeben, und nach geeigneter Inkubation wird der freie, nicht gebundene Anteil gemessen.

Zirkulierende Immun-Komplexe erzeugen vor allem Vaskulitiden; die häufigsten klinischen Manifestationen sind Nephritis, Arthritis, Iridozyklitis, Myokarditis, Exantheme und Fieber.

2.2.5. Allergische Reaktionen

Allergische Reaktionen sind immunologische Sofortreaktionen vom Typus der Anaphylaxie (Typ I). Sie werden vor allem durch zirkulierende und zellständige Antikörper der Klasse IgE vermittelt, die früher als Reagine beschrieben wurden. Die Identität zwischen Reaginen und IgE wurde gleichzeitig am Serum allergischer Patienten und an einem damals nicht identifizierbaren MIg, das vorläufig als IgND bezeichnet wurde, entdeckt [I 2, J 4]. Die Besonderheit des IgE-Moleküls besteht darin, daß es sich auf Zellen fixieren kann (,,zytophiler Antikörper"). Es ist dazu fähig aufgrund einer besonderen Ausbildung des C-terminalen Teils der H-Ketten, der auf 4 Domänen ausgedehnt ist (Abb. 8). Das Molekulargewicht der H-Kette beträgt deswegen etwa 75500, das Molekulargewicht des ganzen IgE-Moleküls etwa 196000 [B 6].

Wenn zytophile Antikörper mit dem korrespondierenden Antigen (in diesem speziellen Fall dem ,,Allergen") reagieren, machen sie eine Konformationsänderung durch, die wahrscheinlich vor allem in einer Winkeländerung, einem ,,Umklappen", in der Angelregion (hinge region) besteht (Abb. 5); dadurch wird ein Signal ins Zellinnere ausgelöst, das spezifische biologische Aktivitäten in Gang setzt, d. h. vor allem die Ausschüttung von Kininen, Histamin und slow reacting substance of anaphylaxis (SRS-A) veranlaßt. Die Auswirkungen dieser Stoffe sind mannigfaltig: Erhöhung der Permeabilität von Kapillaren (Ödembildung), Komplementaktivierung (Phagozytosestimulation, Permeabilitätserhöhung, Ödembildung), Stimulation der glatten Muskulatur (Konstriktion von Gefäßen, Darm und Bronchien), Stimulation der Schleimdrüsen (Erhöhung der Sekretion) und Aktivierung der Blutgerinnung (lokale Thrombosen). Der davon betroffene Patient leidet unter den überschießenden hyperergischen Reaktionen, die oft unangenehme, manchmal schädigende und selten sogar lebensgefährliche Nebenwirkungen haben. Vielleicht ist dem Kliniker zu wenig bewußt, daß unterschwellige allergische Reaktionen physiologisch sind und z. B. im Magen-Darmkanal oder im Respirationstrakt wesentlich zur ununterbrochenen Abwehr von Fremdstoffen aus der Außenwelt beitragen. Allergische Phänomene kommen ferner im Verlauf vieler Infektionskrankheiten regelmäßig vor und spielen dabei wahrscheinlich eine wichtige Rolle. Einzelne Glieder der allergischen Reaktionskette sind bei physiologischen Prozessen unentbehrlich, z. B. bei der Vorbereitung der normalen Phagozytose. Man hat sogar spekuliert, daß Allergiker mit ihrem empfindlichen Immun-System auch mutierte Zellen besser aufspüren und energischer eliminieren können; die Malignomfrequenz ist bei ihnen statistisch niedriger als bei Nicht-Allergikern [I 2].

Erhöhte Spiegel von IgE wurden bei Allergien verschiedenster Art nachgewiesen. Ein genetischer Faktor scheint wegen konkordant hoher oder niedriger IgE-Spiegel bei Gliedern verschiedener Familien gesichert [G 5]. Die höchsten IgE-Konzentrationen findet man bei Parasitenbefall; im Gegensatz zur familiären Disposition ist hier der exogene Faktor gesichert, indem Individuen des gleichen Volksstammes, die am gleichen Ort teilweise unter guten, teilweise unter schlechten hygienischen Verhältnissen leben, sehr große Unterschiede aufweisen.

Die Bestimmung des IgE ist methodisch schwierig, weil wegen der sehr niedrigen Konzentration fast nur radioimmunologische Methoden in Frage kommen. Die Gesamtfraktion kann mit einer Radioimmunbestimmung (Radioimmuno-sorbens technique, RIST) erfolgen, aber auch die spezifische Antikörperaktivität gegen ein rein vorliegendes Allergen kann mit Hilfe der Radioallergosorbenstechnik (RAST) nachgewiesen werden [B 6, W 15]. Auf diese Weise können heute in spezialisierten Laboratorien Reagin-Antikörper gegen Pollen, Nahrungsproteine (z. B. Milch, Gliadin), Medikamente (z. B. Penicillin) und andere Stoffe nachgewiesen werden. Die Weltgesundheitsorganisation stellt für Laboratorien ein Referenzserum zur Eichung der Werte zur Verfügung [R 10]. — In der Praxis muß man sich vorläufig auf die in vivo-Reaktion des Patienten gegen inkriminierte Allergene beschränken. Dieser Expositions-Testung haftet die Gefahr der Auslösung einer allergischen Reaktion an. Die Exposition kann kutan (Hautteste) oder durch Inhalation oder durch Ingestion des Allergens erfolgen.

Außer den IgE- können auch IgG-Antikörper zytophile Eigenschaften haben, ihre Fixierung an Zelloberflächen ist aber nur kurzfristig (short-term sensitizing IgG = IgG-ST) [P 1]. Sie sind in der Subklasse IgG angereichert. Auf der anderen Seite wird IgE, ähnlich wie IgA, auf Schleimhautoberflächen sezerniert; es ist noch nicht sicher, ob die sekretorische Komponente dafür notwendig ist.

Bei vielen allergischen Krankheiten sind zugleich humorale und zelluläre hyperergische Reaktionen beteiligt. Die Lunge ist besonders empfindlich: Viele durch Inhalation aufgenommene Antigene erzeugen eine allergische Alveolitis; sie wird als Berufskrankheit bei chronischer Exposition gegenüber zahlreichen Stoffen beobachtet („Bäcker-Asthma" — Mehl; „farmers lung" — Mikroorganismen in Heu; „Käsewascher-Krankheit" — Schimmelpilze; „Taubenzüchterkrankheit" — Proteine in Vogelfedern und -kot etc., s. ausführliche Liste bei [D 3]).

„Blockierende Antikörper" sind zirkulierende, nicht zellständige Antikörper, vorwiegend aus der Klasse IgG, die für Allergene spezifisch sind. Wenn sie zirkulierende Allergene abfangen, bevor diese die zellständigen IgE-Antikörper erreichen, können sie allergische Reaktionen verhüten. Dieses Ziel wird bei der „Desensibilisierung" durch wiederholte parenterale Injektion kleiner und steigender Allergenmengen angestrebt. Dagegen versucht man mit symptomatischer Therapie lediglich die heftigen Auswirkungen von Histamin zu dämpfen, entweder durch Behinderung seiner Ausschüttung mit Dinatrium-chromoglycat [P 3] oder durch Senkung der Reizschwelle am Erfolgsorgan (Antihistaminika).

Untersuchungsgang
Allergische Phänomene sind außerordentlich häufig. Die Abgrenzung gegen allergische Krankheiten ist unscharf und wird weitgehend vom subjektiven Empfinden des Patienten bestimmt. Da heute die Grenzen der diagnostischen Aktivität nicht mehr durch die Methodik beschränkt sind, müssen sie aufgrund des klinischen Gesamtbildes für jeden einzelnen Fall festgelegt werden. Die Stufen der Diagnostik sind etwa folgende:
1. Ausführliche Anamnese, ev. Expositionstest (bei vermuteter Nahrungsmittelallergie) beim Allgemeinarzt.
2. Zusätzliche Hautteste, ev. auch andere Exposition (z. B. durch Inhalation) beim klinischen Allergologen.
3. IgE-Bestimmung (RIST) und Identifizierung spezifischer Allergene (RAST), sowie Messung blockierender Antikörper in speziellen Fällen durch den klinischen Allergologen.

2.2.6. Erworbene Veränderungen der Lipoproteine

Die Blutlipide und -Lipoproteine sind bei sehr zahlreichen Krankheiten sekundär mitbeteiligt; bei den in Tabelle 41 aufgezählten Leiden sind Lipoprotein-Veränderungen diagnostisch, pathogenetisch oder prognostisch wichtig [S 7].

2.2.6.1. Sekundäre Hypo-Lipoproteinämien
Mangelhafte Zufuhr und/oder Resorption von Fett führt zur Verminderung der Transportproteine der 1. und 2. Linie (Chylomikronen und β-Lipoproteine), deren Synthese vorwiegend in der Darmschleimhaut erfolgt. Hindernisse in den normalen Stoffwechselwegen, z. B. bei Leberzellschädigung, schränken das Lipidangebot oder die Synthese der Protein-Anteile ein.

2.2.6.2. Sekundäre Hyper-Lipoproteinämien
Viele Stoffwechselstörungen gehen mit sekundären Störungen einher, die den konstitutionellen Hyperlipoproteinämien (s. S. 135)

Tabelle 41. Erworbene Veränderungen der Lipoproteine

1. Sekundäre Hypo-Lipoproteinämien

Chylomikronen ↓ bei:	Hunger, Fett-Malabsorption
β-Lipoproteine ↓ bei:	Hunger, Fett-Malabsorption, Leber-Zell-Versagen, chronischer Anämie, Hyperthyreose
α-Lipoproteine ↓ bei:	Leber-Zell-Versagen

2. Sekundäre Hyper-Lipoproteinämien (Analogie mit familiären Typen)

a) Typ/Krankheit gleicht Typ	Bei folgenden Krankheiten beobachtet
I	Alkoholismus, Pankreatitis, Diabetes
II	Diabetes, nephrotisches Syndrom, Hypothyreose, Glykogenose III, Cholostase
III	Hypothyreose
IV	Alkoholismus, Pankreatitis, Diabetes, nephrotisches Syndrom, Hypothyreose, Cholostase, Schwangerschaft, Glykogenose I und VI
V	Alkoholismus, Pankreatitis, Diabetes

b) *Krankheit/* *Hyper-LP-Typ* Grundkrankheit	Beobachtete Hyperlipoproteinämie gleicht Typ
Alkoholismus	I, IV, V
Pankreatitis	I, IV, V
Diabetes mellitus	I, II, IV, V
Nephrotisches Syndrom	II, IV
Hypothyreose	II, III, IV
Schwangerschaft orale Kontrazeption	IV
Cholostase	II, IV (zusätzlich „anomales" Lipoprotein X)

gleichen; es ist deswegen zweckmäßig, sie mit den gleichen Typen-Bezeichnungen zu charakterisieren (Tabelle 41). Die implizierten prognostischen Aussagen umschreiben zugleich die große Bedeutung dieser sekundären Störungen, die bei längerem Bestehen die gleichen Folgen — vor allem beschleunigte Atherosklerose mit ihren Konsequenzen — nach sich ziehen wie die familiären Anomalien. Die seltenen kongenitalen Erkrankungen sind auch hier lehrreiche Naturexperimente, da sie wesentlich zur Erkennung der Bedeutung isolierter Faktoren beigetragen haben. Diese können nun bei den sehr viel häufigeren sekundären Hyperlipoproteinämien richtig eingeschätzt werden.

Beim chronischen *Alkoholiker* wirken unausgewogene Ernährung, chronische Gastroenteritis und Leber-Zell-Schädigung zusammen und erzugen Hyperlipoproteinämien, die dem Typ I, IV oder V gleichen können. Die gleichen Typen werden bei *Pankreatitis* beobachtet.

Schlecht kontrollierte *Diabetiker* können Hyperlipoproteinämien aufweisen, die allen Typen (außer III) gleichen, am häufigsten dem Typ IV: Durch vermehrte Mobilisation von freien Fettsäuren aus Fettgewebe wird die Triglycerid-Synthese in der Leber erhöht. Die häufige Vermehrung der Chylomikronen führt man auf verminderte Klärung wegen dieser endogenen Vermehrung der Triglyceride oder wegen ungenügender Bildung des Klärungsfaktors (Lipoprotein-Lipase) zurück. Korrektur des Kohlenhydrat-Stoffwechsels durch adäquate Insulin-Behandlung oder Gewichts-Reduktion führt auch zur Normalisierung des Lipid-Haushalts. Dieser Faktor spielt im Zusammenhang mit den Gefäß-Komplikationen eine wichtige Rolle in der langfristigen Prognose des Diabetes mellitus.

Beim *nephrotischen Syndrom* ist das Ausmaß der Hyperlipoproteinämie direkt mit der Proteinurie korreliert und reziprok zur Verminderung des Plasma-Albumin-Spiegels (Folge einer allgemeinen Steigerung der hepatischen Syntheseleistungen?). Zudem ist aber auch der Klärungs-Prozeß beeinträchtigt. Bei Rückgang der Proteinurie normalisieren sich auch die Lipoproteine.

Die Vermehrung der β- und Prä-β-Lipoproteine bei der *Hypothyreose* wird als Folge ihres verlangsamten Abbaus angesehen; bei Hyperthyreose sind sie vermindert.

Oestrogene stimulieren die Synthese von α-Lipoprotein, was in der *Schwangerschaft* und bei Einnahme oraler *Kontrazeptiva* von erheblicher Bedeutung werden kann.

Diagnostisch wichtig ist schließlich das Auftreten des „anomalen" Lipoprotein X bei *Cholostase*. Diese Komponente kann mit einem kommerziellen spezifischen Antiserum mit geringem Aufwand bestimmt werden.

Der *Untersuchungsgang* ist analog zu dem bei familiären Störungen (S. 138). Eine ausführliche Abklärung ist bei sekundären Lipoproteinstörungen noch seltener nötig als bei primären.

2.3. Plasmaproteine in anderen Körperflüssigkeiten

Alle Körperflüssigkeiten enthalten Plasmaproteine in kleinen Konzentrationen; in allen sind zudem organ-spezifische Proteine vorhanden, die z. T. genau untersucht wurden, wie z. B. verschiedene Proteine des normalen Urins, die vorwiegend aus den ableitenden Harnwegen stammen. — Darüber kann hier nicht berichtet werden, sondern aus der Thematik ergibt sich eine Beschränkung auf Plasmaproteine, die außerhalb des Plasmaraumes in höheren Konzentrationen oder in ungewöhnlichen Kombinationen vorkommen. Bei derartigen Befunden muß untersucht werden, ob die Plasmaproteine durch undichte Kapillaren in die betreffenden Körperflüssigkeiten gelangen, oder ob sie lokal produziert werden.

2.3.1. Plasmaproteine im Urin

Eine renale Proteinurie kann als Folge einer Schädigung des Glomerulums oder des Tubulus zustande kommen (s. S. 146); ferner können Plasmaproteine extrarenal in den Urin gelangen, z. B. bei Blutungen irgendwo im Harntrakt. Die Differenzierung kann durch Proteinclearance-Untersuchungen erfolgen (S. 147). Technisch ist dafür lediglich die genaue Konzentrationsmessung mehrerer Proteine in Plasma und Urin notwendig.

Eine Sonderstellung nimmt das β_2-Mikroglobulin ein, das zuerst im Urin entdeckt wurde, heute aber mit empfindlichen Radio-Immunmethoden auch im Blut gemessen werden kann. Dank seinem niedrigen Molekulargewicht (11800) wird es im normalen Glomerulum ohne Selektion filtriert und im normalen Tubulus zu 99,9% zurückresorbiert. Bei glomerulärer Schädigung, besonders bei Verminderung der filtrierenden Glomerulumzahl oder -oberfläche, wird β_2-Mikroglobulin retiniert, seine Konzentration steigt im Blut an und wird im Urin noch geringer; diese beiden Größen ergeben dementsprechend ein zuverlässiges Maß für die glomeruläre Filtrationsrate (GFR). Serienmäßige Bestimmungen können z. B. die Funktion einer transplantierten Niere, resp. ihre Abstoßung zuverlässig widerspiegeln. Starke Erhöhung des β_2-Mikroglobulinspiegels beim Neugeborenen erklärt sich aus der in diesem Alter auf 20–30% der Erwachsenennorm reduzierten GFR. — Umgekehrt ist bei tubulärer Schädigung mit normaler GFR die Konzentration im Urin erhöht, obschon sie im Blut normal ist (Fanconi-Syndrom, Schwermetall-Vergiftungen).

2.3.2. Plasmaproteine in Exsudaten

Die alte Unterscheidung von Transsudat (Proteingehalt < 10 g/l) und Exsudat (> 10 g/l) läßt sich mit modernen Methoden bestätigen. Funktionell wichtiger ist aber die Messung einzelner Proteinfraktionen in einem Erguß: Bei Transsudat sind selektiv vor allem kleinmolekulare Proteine vermehrt, bei Exsudat äußert sich das „Syndrom der undichten Membranen" (leaky membranes) in einer selektiven Vermehrung von Proteinen der akuten Phase (S. 160), von Fibrinogen und Immunglobulinen. — In der Praxis haben derartige Untersuchungen bisher keine Bedeutung erlangt.

2.3.3. Plasmaproteine in Sekreten

Alle Sekrete enthalten außer organ-spezifischen Stoffen (Enzymen und anderen) und Schleim auch kleine Mengen Plasmaproteine. Diese gelangen gewöhnlich durch Transsudation in das Sekret.
Eine einzigartige Ausnahme bildet das sekretorische Immunglobulin sIgA, das die Schleimhautoberflächen gegen Infektionen schützt („Antiseptischer Anstrich der Schleimhautoberflächen" [H 6]). Es wird in Plasmazellen der Submukosa produziert und durch den Hilfsmechanismus der sekretorischen Komponente (SC), die in den Epithelzellen produziert wird, aktiv auf die Schleimhautoberfläche transportiert (Abb. 9). Man findet sekretorisches IgA auf allen Schleimhäuten des Verdauungstraktes, der Respirationsorgane, der ableitenden Harn- und der Genitalorgane, in Tränen etc. In besonders hoher Konzentration kommt es in der Milch vor.

Ein Schutz gegen die körpereigene Bakterienflora ist außerordentlich wichtig; so enthält z. B. der Darm beim Erwachsenen ca. 1 kg Bakterien. Im Stuhl wurden schon vor langer Zeit spezifische Antikörper gegen einzelne Darmbakterien beschrieben (Kopro-Antikörper). Die meisten davon gehören der Klasse des sekretorischen IgA an. Diese Immunglobuline sind durch die sekretorische Komponente und die J-Kette (joining chain) gegen die proteolytische Wirkung der Verdauungsenzyme geschützt (Abb. 8). Sie haben keine lytische Wirkung auf Bakterien, sind nicht antitoxisch und aktivieren Komplement nicht. Ihre Wirkung besteht lediglich in der Bedeckung wesentlicher Stellen auf der Membran von Bakterien, die dadurch ihre Haftfähigkeit verlieren (z. B. Verklumpung von Bakterien-Flagellen). Da sie sich nicht mehr an Schleimhautepithelien anlagern können, haben sie die Fähigkeit zur Invasion verloren und werden mit dem Stuhl unverändert ausgeschieden, d. h. vital, vermehrungsfähig und toxisch: Z. B. kann ein Salmonellenträger große Mengen sIgA-Antikörper in seinen Darm sezernieren, die ihn selber vor Invasionen schützen, aber die Bakterien in seinem Stuhl nicht abtöten. Die hohe Spezifität dieses Systems wurde durch genaue Analyse der schrittweisen Kolonisation des Darms neugeborener Kinder und steril gehaltener Versuchstiere nachgewiesen. Die Bakterienflora des Darmes im späteren Leben wird einerseits durch die Leistungsfähigkeit dieses Systems, anderseits durch Neuinvasionen von Keimen bestimmt. Sie ist für die Ökologie des Magen-Darm-Kanals von sehr großer Bedeutung [T 3].
Neben dem IgA- spielt das IgE-System eine große Rolle bei diesen physiologischen Vorgängen. Die normalen Abwehrreaktionen gehen fließend in allergische Krankheiten über. Bei Patienten mit IgA-Mangel wird das IgE-System vermehrt aktiviert, aber auch sekretorisches IgM und in geringerem Maße sekretorisches IgG kann in ihren Sekreten nachgewiesen werden. Auch diese Ig sind durch die sekretorische Komponente anscheinend gegen die Verdauung geschützt, und sie können wenigstens teilweise das Fehlen des IgA ersetzen.
Die Untersuchung von IgA in Sekreten war vor allem bei der Milch von sehr großer Bedeutung; in diesen Untersuchungen sind die meisten Charakteristika des IgA entdeckt worden.
Leider wird der Nachweis von IgA und der damit transportierten

spezifischen Antikörper in der heutigen Praxis kaum verwendet. Die zur Sammlung von Sekreten und zu ihrer Vorbereitung für die Proteinuntersuchung notwendigen Techniken sind kaum eingeführt; sie wurden bisher ausschließlich für wissenschaftliche Untersuchungen angewendet. In Zukunft sollten sie für die Untersuchung von Infektionen des Magen-Darm-Kanals und von Immunisierungen auf diesem Wege viel häufiger gebraucht werden.

2.3.4. Plasmaproteine in Liquor cerebrospinalis

Die Blut-Liquor-Schranke ist außerordentlich dicht, was sich in einer sehr niedrigen Konzentration des Gesamtproteins im Liquor (um 250 mg/l) widerspiegelt. Die relative Zusammensetzung entspricht mehr oder weniger derjenigen der Proteine des Plasmas, mit 2 wichtigen Ausnahmen: Im Liquor ist die Konzentration des Präalbumins sehr viel höher (6,2%), die der Immunglobuline sehr viel geringer (7,7%) als im Plasma. Die Messung spezifischer Einzelproteine zeigt vorwiegend IgG (18 mg/l), wenig IgA (2,3 mg/l) und nur Spuren von IgM, IgD und IgE. Auffallend ist der hohe Gehalt an β-Lipoprotein (20 mg/l). − Mit Hilfe besonders eingestellter Immunodiffusionsplatten (LC Partigen Behring u. a.) können diese Konzentrationsbereiche ohne Konzentrierung des Liquors direkt gemessen werden. − Die τ-Fraktion ist eine langsam wandernde Transferrin-Komponente, die auch als β_{2m} oder β-Trace bezeichnet wurde.
Störungen der Liquorproteine können auf 3 pathogenetischen Wegen zustande kommen:
1. Als Folge einer Dysproteinämie.
2. Bei Störung der Blut-Liquor-Schranke (Transsudation).
3. Bei lokaler Synthese von Plasmaproteinen im Liquorraum (der Nachweis organ-spezifischer zerebraler Proteine wird hier, wie erwähnt, nicht berücksichtigt).
Ad 1.: Relationsverschiebungen der Proteine des Blutes äußern sich proportional auch im Liquor. Insbesondere gehen monoklonale Immunglobuline des Plasmas proportional auch in den Liquorraum über.
Ad 2.: Dasselbe gilt für Permeabilitätsstörungen der Blut-Liquor-

Schranke: Die Gesamtprotein-Konzentration des Liquors steigt an, die Relationen zwischen den einzelnen Proteinfraktionen entsprechen aber denen der Blutproteine.

Ad 3.: Die lokale Produktion von Plasmaproteinen ist für Immunglobuline von großer praktischer Bedeutung, da sie die lokale Produktion von Antikörpern anzeigt. Lokale Produktion von Immunglobulinen kann auf 2 Arten bewiesen werden:

a) Bei Vergleich von IgG und Albumin im Serum und Liquor: Der Quotient

$$\frac{\text{Liquor-IgG}}{\text{Serum-IgG}} : \frac{\text{Liquor-Albumin}}{\text{Serum-Albumin}}$$

liegt normalerweise unter 0,5; seine Erhöhung beweist lokale Produktion von IgG.

b) Lokal produzierte Immunglobuline sind mono- oder oligoklonal. Die Bestimmung des $\varkappa$-λ-Kettenverhältnisses (Doppellinien-Methode oder Immunoelektrophorese mit spezifischen Anti-$\varkappa$- und Anti-λ-Antiseren) beweist diese Besonderheit. In der Agarose-Elektrophorese kann sie auf Grund von spitzen, schmalbasigen γ-Globulin-Gradienten vermutet werden.

Oligoklonale Antikörperbildung wird bei Enzephalitis und multipler Sklerose beobachtet. Bei der subakuten sklerosierenden Panenzephalitis (SSPE) und bei der Herpes-Enzephalitis wurden zudem spezifische Antikörper gegen Masern- bzw. gegen Herpes-Virus im Liquor nachgewiesen. Die Beobachtung des Verlaufs mit Erscheinen und Verschwinden monoklonaler Ig-Zacken hat prognostische Bedeutung (z. B. bei multipler Sklerose, Toxoplasmose und andern entzündlichen Erkrankungen).

Im Gegensatz zu den ausgedehnten Kenntnissen über lokale IgG-Synthese im Liquorraum gibt es wenig sichere Befunde über die lokale Synthese der andern Immunglobulin-Klassen: Das IgA zeigt im Verlauf neurologischer Erkrankungen einschließlich der multiplen Sklerose nur unwesentliche Veränderungen. IgM-Veränderungen gehen denen im Blut parallel und sind vor allem bei Parasiten-Erkrankungen wie der afrikanischen Schlafkrankheit (Trypanosomiasis) während längerer Zeit im Liquor nachweisbar. Lokale Produktion von IgM wurde bisher nur in Einzelfällen bewiesen.

200

2.3.5. Plasmaproteine in Lymphe

Normale Lymphe enthält Plasmaproteine in den Proportionen des Serums. Eine Untersuchung ist in der Klinik praktisch nur bei Lymphfisteln und bei Lymphödem möglich, und dort auch von praktischer Bedeutung. Die bei größeren Fisteln auftretenden Proteinverlust-Syndrome werden im entsprechenden Kapitel besprochen (S. 157).

2.3.6. Plasmaproteine im Augenkammerwasser

Das Augenkammerwasser verhält sich ähnlich wie Liquor; die 3 dort unterschiedenen Veränderungen gelten auch für das Kammerwasser. Diagnostisch sind Proteinbefunde, verglichen mit dem Wert der zytologischen Untersuchung, von untergeordneter Bedeutung; nur der Nachweis spezifischer Antikörper, z. B. gegen Toxoplasmose, wird für den Beweis einer spezifischen Entzündung praktisch ausgewertet.

IV. Literatur

A   1. ADAMS, D. A.: Arch. intern. Med. *106*, 117 (1960).

A   2. ADINOLFI, A., ADINOLFI, M., LESSOF, M. H.: J. med. Genset. *12*, 138 (1975).

A   3. AFONSO, E.: Clin. chim. Acta *13*, 107 (1966).

A   4. ALBRIGHT, F., BARTTER, F. C., FORBES, A. P.: Trans. Ass. Amer. Phycns. *62*, 204 (1949).

A   5. ALEXANIAN, R., BALCERZAK, S., BONNET, J. D., GEHAN, E. A., HAUT, A., HEWLETT, J. S., MONTO, R. W.: Cancer (Philad.) *36*, 1192 (1975).

A   6. ALLISON, A. C., (Ed.): Structure and Function of Plasma Proteins. London, New York: Plenum Press 1974.

A   7. ALLISON, A. C., HOUBA, V., HENDRICKSE, R. G., DE PETRIS, S., EDINGTON, G. M., ADENIYI, A.: Lancet *1969 I*, 1232.

A   8. ALTLAND, K.: Pseudocholinesterasen. In: Humangenetik, Bd. *1*, S. 327 (Ed. P. E. Becker). Stuttgart: Thieme 1975.

A   9. ALY, F. W.: Biochem. Z. *325*, 805 (1954).

A 10. ARONSEN, K. F., EKELUND, G., KINDMARK, C. O., LAURELL, C. B.: Scand. J. clin. Lab. Invest. *29*, suppl. 124, 127 (1972).

A 11. AUSTEN, D. E. G., RIZZA, C. R.: The Biochemistry of Blood Clotting Factors. In: Structure and Function of Plasma Proteins (Ed. A. C. Allison) Vol. *1*, p. 170. London, New York: Plenum Press 1974.

A 12. AXELSSON, U., HÄLLÉN, J.: Lancet *1965 II*, 369.

B   1. BACHMANN, R.: Scand. J. clin. Lab. Invest. *17*, 316 (1965).

B   2. BARANDUN, S.: COTTIER, H., HÄSSIG, A., RIVA, G.: Das Antikörpermangelsyndrom. Basel: Schwabe 1959.

B   3. BARANDUN, S., CARREL, S., GERBER, H., MORELL, A., RIESEN, W., SKVARIL, F.: Schweiz. med. Wschr. *101*, 955 (1971).

B   4. BARANDUN, S., SKVARIL, F., MORELL, A.: Schweiz. med. Wschr. *106*, 533 und 580 (1976).

B   5. BECKER, P. E. (Ed.): Humangenetik. Stuttgart: Thieme (1975).

B   6. BENNICH, H., GUNNAR, S., JOHANSSON, O.: Advanc. Immunol. *13*, 1 (1971).

B   7. BENNHOLD, J.: Ergebn. inn. Med. Kinderheilk. *42*, 273 (1932).
B   8. BENNHOLD, H., PETERS, H., ROTH, E.: Verh. dtsch. Ges. inn. Med. *60*, (1954).
B   9. BIANCHI, L., GUDAT, F.: Immunität u. Infektion *3*, 159 (1975).
B 10. BOHN, H.: Arch. Gynäk. *217*, 219 (1974).
B 11. BOWIE, M. D., BRINKMAN, G. L., HANSEN, J. D. L.: Lancet *1963 II*, 550.
B 12. BULL. OMS 1973: Nomenclature of human immunoglobulins *48*, 373 (1973).
B 13. BÜRGI, H., ZUPPINGER, K., KÖCHLI, H. P., BURGER, A.: Schweiz. med. Wschr. *104*, 1141–1147 (1974).

C   1. CAMERON, J. S.: Brit. med. J. *1968 IV*, 352.
C   2. CARTER, P. M., SLATER, L., LEE, J., PERRY, D., HOBBS, J. R.: J. clin. Path. *28*, Suppl. *5*, 45 (1974).
C   3. CHRISTEN, H., FRANGLEN, G.: Schweiz. med. Wschr. *102*, 1900 (1972).
C   4. CITRIN, Y., STERLING, K., HALDSTED, J. A.: New Engl. J. Med. *257*, 906 (1957).
C   5. COCHRANE, C. G., KOFFLER, D.: Advanc. Immunol. *16*, 185 (1973).
C   6. COOMBS, R. R. A., MOURANT, A. E., RACE, R. R.: Brit. J. exp. Path. *26*, 255 (1945); Lancet *1945 II*, 15.
C   7. COOPER, M. D., FAULK, W. P., FUDENBERG, H. H., GOOD, R. A., HITZIG, W. H., KUNKEL, H. G., ROITT, I. M., ROSEN, F. S., SELIGMANN, M., SOOTHILL, J. F., WEDGWOOD, R. J.: Clin. Immunol. Immunopath. *2*, 416 (1974).
C   8. CORMODE, E. J., LYSTER, D. M., ISRAELS, S.: J. Pediat. *86*, 862 (1975).
C   9. CORRODI, U., HITZIG, W. H.: Mschr. Kinderheilk. *121*, 1 (1973).
C 10. CONSTANZA, M. E., NATHANSON, L.: Carcinofetal Antigens. In: Progress in Clinical Immunology (Ed. R. S. Schwartz), Vol. 2, p. 191. New York, San Francisco, London: Grune & Stratton 1974.
C 11. CRABBÉ, H., PONCE, R. G., HEREMANS, J. F.: The Syndrome of IgA-deficient Sprue and its Gentic Aspects. Europ. Soc. clin. Invest., 3rd Ann. Meet. Scheveningen 1969.
C 12. CURTIUS, H. Ch., ROTH, M. (Eds.): Clinical Biochemistry. Berlin, New York: de Gruyter 1974.

D   1. DAMESHEK, W.: Blood *21*, 243 (1963).
D   2. DE HALLER, R.: Rev. méd. Suisse rom. *96*, 57 (1976).
D   3. DICKERSON, R., GEIS, I.: Struktur und Funktion der Proteine. Weinheim: Verlag Chemie 1971.
D   4. DONALDSON, V. H., EVANS, R. R.: Amer. J. Med. *35*, 37 (1963).
D   5. DOOS, W. G., WOLFF, W. I., SHINYA, H., DECHABON, A., STENGER,

R. J., GOTTLIEB, L. S., ZAMCHECK, N.: Cancer (Philad.) *36*, 1996 (1975).

D   6. DURIE, B. G. M., SALMON, S. E.: Cancer (Philad.) *36*, 842 (1975).

E   1. EDELMAN, G. M.: Science *180*, 830 (1973).

E   2. ENGLHARDT, A., LOMMEL, H.: Serumproteine. Weinheim: Verlag Chemie 1974.

E   3. ERIKSSON, S.: Acta med. scand. Suppl. *1*, 432 (1965).

F   1. FABRE, J., FANCONI, A., ROTHLIN, M.: Die Oedeme. Basel, Stuttgart: Schwabe 1960.

F   2. FAHEY, J. L., BARTH, W. F., SOLOMON, A.: J. Amer. med. Ass. *192*, 464 (1965).

F   3. FARHANGI, M., OSSERMAN, E. F.: Semin. Hematol. *10*, 149 (1973).

F   4. FATEH-MOGHADAM, A., LAMERZ, R., EEISENBURG, J., KNEDEL, M.: Klin. Wschr. *47*, 129 (1969).

F   5. FIERER, J. A., MANDL, I., EVANS, H. E.: J. Pediat. *85*, 698 (1974).

F   6. FRANKLIN, E. C.: J. clin. Path. *28*, Suppl. *6*, 65 (1974).

F   7. FRANKLIN, E. C., FEINSTEIN, D., FUDENBERG, H. H.: Acta med. scand. Suppl. 445, Vol. *179*, 80 (1966).

F   8. FREDRICKSON, D. S.: Circulation *51*, 209 (1975).

F   9. FREDRICKSON, D. S., LEVY, R. I.: Familial Hyperlipoproteinemia. In: Metabolic Basis of Inherited Disease (Eds. STANBURY, WYNGAARDEN, FREDRICKSON). New York: McGraw-Hill 1972.

F 10. FRICK, P. G., SCHMID, J. R., KISTLER, H. J., HITZIG, W. H.: Helv. med. Acta *33*, 317 (1966).

F 11. FRITSCHE, R., MACH, J.-P.: Nature *258*, 734 (1975).

G   1. GAFNI, J., SOHAR, E., HELLER, H.: Lancet *1964 I*, 71.

G   2. GANROT, P. O.: Scand. J. clin. Lab. Invest. *29*, 83 (1972).

G   3. GAUTIER, E., HITZIG, W. H., GUGLER, E., BERTSCHMANN, M.: Helv. paediat. Acta *16*, 277 (1961).

G   4. GEIGER, H., HOFFMANN, P.: Z. Kinderheilk. *109*, 22 (1970).

G   5. GERRARD, J. W., HORNE, S., VICKERS, P., MACKENZIE, J. W. A., GOLUBOFF, N., GARSON, J. Z., MANINGAS, C. S.: J. Pediat. *85*, 660 (1974).

G   6. GIBLETT, E. R.: Genetic Markers in Human Blood. Oxford, Edinburgh: Blackwell 1969.

G   7. GIBLETT, E.: Haptoglobin. In: Structure and Function of Plasma Proteins (Eds. A. C. Allison), Vol. 1, p. 55. New York, London: Plenum Press 1974.

G   8. GLASGOW, J. F. T., HERCZ, A., LEVISON, H., LYNCH, M. J., SASS-KORTSAK, A.: Pediat. Res. *5*, 427 (1971).

G   9. GLEICHMANN, E., DEICHER, H.: Klin. Wschr. *46*, 171 (1968).

G 10. GLEICHMANN, E., WEPLER, W., OTTO, H., DEICHER, H.: Acta hepato-splenol. (Stuttg.) *17*, 255 (1970).

G 11. GLENNER, G. G., TERRY, W. D., ISERSKY, Ch.: Semin. Hematol. *10*, 65 (1973).
G 12. GO, V. L. W., AMMON, H. V., HOLTERMULLER, K. H., KRAG, E., PHILLIPS, S. F.: Cancer (Philad.) *36*, 2346 (1975).
G 13. GOTTO, A. M., BROWN, W. V., LEVY, R. I., BIRNBAUMER, M. E., FREDRICKSON, D. S.: J. clin. Invest. *51*, 1486 (1972).
G 14. GÖTZE, O., MÜLLER-EBERHARD, H. J.: J. exp. Med. *139*, 44 (1974).
G 15. GREY, H. M., KOHLER, P. F.: Semin. Hematol. *10*, 87 (1973).

H   1. HABICH, H., HÄSSIG, A.: Vox Sang. (Basel) *3*, 99 (1953).
H   2. HADDING, U., ROTHER, K., TILL, G.: Komplement. Darmstadt: Steinkopff 1974.
H   3. HÄLLÉN, J., LAURELL, C. B.: Scand. J. clin. Lab. Invest *29*, Suppl. 124, 97 (1972).
H   4. HAUPT, H., HEIDE, K.: Blut *24*, 94 (1972).
H   5. HEILMEYER, L., KELLER, W., VIVELL, O., KEIDERLING, W., BETKE, K., WÖHLER, F., SCHULTZE, H. E.: Dtsch. med. Wschr. *86*, 1745 (1961).
H   6. HEREMANS, J. F.: Behring Inst. Mitt. *54*, 1 (1974).
H   7. HITZIG, W. H.: Die Plasmaproteine in der klinischen Medizin. Berlin-Göttingen-Heidelberg: Springer 1963.
H   8. HITZIG, W. H.: Clinical Protein Chemistry, p. 72. 6th Int. Congr. Chem. München 1966. Basel, New York: Karger 1968.
H   9. HITZIG, W. H., AURICCHIO, S., BENNINGER, J.-L.: Klin. Wschr. *43*, 1154 (1965).
H 10. HITZIG, W. H., DÖHMANN, U., PLÜSS, H. J., VISCHER, D.: J. Pediat. *85*, 622 (1974).
H 11. HITZIG, W. H.: Therapiewoche *26*, 3 (1976).
H 12. HORNE, C. H. W., McLAY, A. L. C., TAVADIA, H. B., CARMICHAEL, I., MALLINSON, A. C., YEUNG LAIWAH, A. A. C., THOMAS, M. A., MacSWEEN, R. N. M.: Clin. exp. Immunol. *13*, 603 (1973).
H 13. HUMPHREY, J. H., BATTY, I.: Clin. exp. Immunol. *17*, 708 (1974).

I   1. INVERNIZZI, F., CATTANEO, R., ROSSO di SAN SECONDO, V., BALESTRIERI, G., ZANUSSI, C.: Acta haemat. (Basel) *50*, 65 (1973).
I   2. ISHIZAKA, K., ISHIZAKA, T., KISHIMOTO, T., OKUDAIRA, H.: Progr. Immunol. *4*, 7 (1974).

J   1. JAEGER, Ph., PETTAVEL, J., WUILLERET, B., BERTHOLET, M. M., MACH, J.-P.: Schweiz. med. Wschr. *105*, 1533 (1975).
J   2. JAFFE, B. M., BEHRMAN, H. R.: Methods of Hormone Radioimmunoassay New York: Academic Press 1974.
J   3. JOHANSSON, B. G., KINDMARK, C.-O., TRELL, E. Y., WOLLHEIM, F. A.: Scand. J. clin. Lab. Invest *29*, suppl. 124, 117 (1972).
J   4. JOHANSSON, S. G. O., FOUCARD, T., DANNAEUS, A.: Progr. Immunol. *4*, 61 (1974).
J   5. JOHNSON, A. M., ALPER, Ch. A.: Pediatrics *46*, 921 (1970).

K   1. KALOW, W., GUNN, D. R.: Ann. hum. Genet. *23*, 239 (1959).
K   2. KANCH, T.: Tohoku J. Exp. Med. *102*, 369 (1970).
K   3. KAWAI, T.: Clinical Aspects of Plasma Proteins. Berlin-Heidelberg-New York: Springer 1973.
K   4. KINDMARK, C.-O., LAURELL, C.-B.: Scand. J. clin. Lab. Invest. *29*, suppl. 124, 105 (1972).
K   5. KOHN, J.: J. clin. Path. *28*, 77 (1974).
K   6. KOJ, A.: Acute-Phase Reactants. In: Structure and Function of Plasma Proteins (Ed. A. C. Allison), Vol. *1*, p. 73. Plenum Press, London, New York 1974.
K   7. Kommissionen für klinische Chemie: Z. klin. Chem. *12*, 180 (1974).
K   8. KOUVALAINEN, K.: Ann. Paed. Fenniae *9*, Suppl. 22 (1963)

L   1. LANDIS, E. M.: J. clin. Invest. *11*, 63 (1932).
L   2. LAURELL, C.-B. (Ed.): Scand. J. clin. Lab. Invest. *29*, suppl. 124 (1972).
L   3. LAURELL, C.-B., ERIKSSON, S.: Scand. J. clin. Lab. Invest. *15*, 132 (1963).
L   4. LEHMANN, H., LIDDELL, J.: The Cholinesterase Variants. In: The Metabolic Basis of Inherited Disease, 3rd Ed. (Ed. Stanbury, Wyngaarden, Fredrickson), p. 1730. New York: McGraw-Hill 1972.
L   5. LIPSCHITZ, D. A., COOK, J. D., FINCH, C. A.: New Engl. J. Med. *290*, 1213 (1974).

M   1. MACH, J.-P.: Schweiz. med. Wschr. *105*, 1301 (1975).
M   2. MILGROM, F., WITEBSKY, E.: J. Amer. med. Ass. *181*, 706 (1962).
M   3. MULDER, G. J.: Liebigs Ann. Chem. *28*, 73 (1838).
M   4. MÜLLER-EBERHARD, U.: New Engl. J. Med. *283*, 1090 (1970).

N   1. NATVIG, J. B., KUNKEL, H. G.: Advanc. Immunol. *16*, 1 (1973).

O   1. OPFERKUCH, W., BOHN, L., WELLEK, B., BERGER, J.: Immunität und Infektion *2*, 154 (1974).

P   1. PARISH, W. E.: Progr. Immunol. *4*, 19 (1974).
P   2. Pathologie Biologie: Numéro spécial consacré au II Colloque de radioimmunologie de Lyon *23*, 10 (1975).
P   3. PEARCE, C. A., GREAVES, M. W., PLUMMER, V. M., YAMAMOTO, S.: Clin. exp. Immunol. *17*, 437 (1974).
P   4. PEARSE, A. G. E., EWEN, S. W. B., POLAK, J. M.: Virchows Arch. Abt. B. Zellpath. *10*, 93 (1972).
P   5. PENSKY, J., HINZ, C. F., TODD, E. W., WEDGWOOD, R. J., BOYER, J. T., LEPOW, I. H.: J. Immunol. *100*, 142 (1968).
P   6. PETERSON, P. A., RASK, L., SEGE, K., KLARESKOG, L., ANUNDI, H., UESTBERG, L.: Proc. nat. Acad. Sci. (Wash.) *72*, 1612 (1975).

P 7. PILGRIM, U., FONTANELLAZ, H. P., EVERS, G., HITZIG, W. H.: Helv. paediat. Acta *30*, 121 (1975).

P 8. POLEY, J. R., ALAUPOVIC, P., MCCONATHY, W. J., SEIDEL, D., ROY, C. C., WEBER, A.: J. Lab. clin. Med. *81*, 325 (1973).

P 9. POLJAK, R. J.: Advanc. Immunol. *21*, 1 (1975).

P 10. PORTER, R. R.: Science *180*, 713 (1973).

P 11. PUTNAM, F. W. (Ed.): The Plasma Proteins, 2nd Ed. New York: Academic Press 1975.

R 1. RAFF, M. C.: Nature *254*, 287 (1975).

R 2. RAPPAZO, M. E., HALL, C. A.: J. clin. Invest. *51*, 1915 (1972).

R 3. REFETOFF, S., ROBIN, N. I., ALPER, C. A.: J. clin. Invest. *51*, 848 (1972).

R 4. REGOECZI, E.: Fibrinogen. In: Structure and Function of Plasma Proteins (Ed. A. C. ALLISON), Vol. *1*, p. 133. New York, London: Plenum Press 1974.

R 5. RITCHIE, R. F.: J. clin. Path. *28*, 27–32 (1974).

R 6. RITZMANN, St. E., COLEMAN, S. L., LEVIN, W. C.: J. clin. Invest. *39*, 1320 (1960).

R 7. RIVA, G.: Das Serumeiweißbild. Bern, Stuttgart: Huber 1957.

R 8. ROCKEY, J. H., HANSON, L. A., HEREMANS, J. F., KUNKEL, H. G.: J. Lab. clin. Med. *63*, 711 (1969).

R 9. ROTHSCHILD, M. D., ORATZ, M., SCHREIBER, S. S.: Amer. J. dig. Dis. *14*, 711 (1969).

R 10. ROWE, D. S., GRAB, B., ANDERSON, S. G.: WHO Bull. Genf, 24.–30. April 1973.

R 11. RUDDY, S., AUSTEN, K. F.: Inherited Abnormalities of the Complement System in Man. In: The Metabolic Basis of Inherited Disease, 3rd Ed. (Eds. STANBURY, WYNGARDEN, FREDRICKSON). New York: McGraw-Hill 1972.

S 1. SALMON, S. E.: Semin. in Hematol. *10*, 135 (1973).

S 2. SALMON, S. E., SELIGMANN, M.: Lancet *1974 II*, 1230.

S 3. SALT, H. B., WOLFF, O. H., LLOYD, J. K., FOSBROOKE, A. S., CAMERON, A. H., HUBBLE, D. V.: Lancet *1960 II*, 325.

S 4. SASS-KORTSAK, A.: Hepatolenticular Degeneration. In: LINNEWEH, F. (Hrsg.): Handbuch Inn. Medizin., 7. Bd., 1. Teil: Erbliche Defekte des Kohlenhydrat-, Aminosäuren- und Proteinstoffwechsels. Berlin-Heidelberg-New York: Springer 1947.

S 5. SCHADE, A. L., CAROLINE, L.: Science *104*, 340 (1946).

S 6. SCHEINBERG, J. H., GITLIN, D.: Science *116*, 484 (1952).

S 7. SCHETTLER, G. (Hrsg.): Fettstoffwechselstörungen. Stuttgart: Thieme 1971.

S 8. SCHULTZE, H. E., GÖLLNER, I., HEIDE, K., SCHÖNENBERGER, M., SCHWICK, G.: Z. Naturforsch. *10 b*, 463 (1955).

S 9. SCHULTZE, H. E., HEREMANS, J. F.: Molecular Biology of Human Proteins, Vol. 1. London, Amsterdam, New York: Elsevier 1966.

S 10. Schweiz. Akademie der medizin. Wissenschaften: Schweiz. Ärzteztg. *57*, 585 (1976).
S 11. SEIDEL, D., AGOSTINI, B., MULLER, P.: Biochim. biophys. Acta (Amst.) *260*, 146 (1972).
S 12. SELIGMANN, M.: J. clin. Path. *28*, 72 (1974).
S 13. SELIGMANN, M., BROUET, J. C.: Semin. Hematol. *10*, 163 (1973).
S 14. SHARP, H. L., BRIDGES, R. A., KRIVIT, W., FREIER, E. F.: J. Lab. clin. Med. *73*, 934 (1969).
S 15. SÖNKSEN, Ph. (Ed.): Brit. med. Bull. *30*, Nr. 1 (1974).
S 16. SOOTHILL, J. F., HENDRICKSE, R. G.: Lancet *1967 II*, 629.
S 17. STEFENELLI, N.: Klin. Wschr. *39*, 1019 (1961).
S 18. STENMAN, U.-H.: Scand. J. Haemat. *14*, 91 (1975).
S 19. STERNLIEB, I., SCHEINBERG, I. H.: J. Amer. med. Ass. *189*, 748 (1964).
S 20. STIEHM, E. R., FULGINITI, V. A. (Eds.): Immunologic Disorders in Infants and Children. Philadelphia, London, Toronto: Saunders 1973.
S 21. STÖRIKO, K.: Laboratoriumsblätter (Behringwerke) *25*, 141 (1975).

T 1. TAL, C., DISHON, T., GROSS, J.: Brit. J. Cancer *18*, 111 (1964).
T 2. TATA, J. R.: Nature *183*, 877 (1959).
T 3. TOMKINS, A. M., DRASAR, B. S., JAMES, W. P. T.: Lancet *1975 I*, 59.

U 1. UNDRITZ, E.: Schweiz. med. Wschr. *87*, 1431 (1957).

V 1. VERNIER, R. L., WORTHEN, H. G., GOOD, R. A.: J. Pediat. *58*, 620 (1961).
V 2. VINCENT, R. G., CHU, T. M., FERGEN, T. B., OSTRANDER, M.: Cancer (Philad.) *36*, 2069 (1975).
V 3. VIRCHOW, R. L. K.: Virchows Arch. path. Anat. *6*, 416 (1854).

W 1. WALDENSTRÖM, J.: Acta med. scand. *367*, 110 (1961).
W 2. WALDENSTRÖM, J.: Harvey Lect. *56*, 211 (1961).
W 3. WALDENSTRÖM, J.: Acta med. scand. *176*, 345 (1964).
W 4. WALDENSTRÖM, J.: Schweiz. med. Wschr. *100*, 2197 (1970).
W 5. WALDMANN, T. A., STROBER, W., MIGIELNICKI, R. P.: J. clin. Invest. *51*, 2162 (1972).
W 6. WALTER, H.: Transferrinsystem. in: Humangenetik (Hrsg. P. E. Becker), Bd. *I/3*, S. 137. Stuttgart: Thieme 1975.
W 7. WALTER, H., ANANTHAKRISHNAN, R.: Adenosindeaminase-System. In: Humangenetik (Hrsg. P. E. BECKER), Bd. *I/3*, S. 549. Stuttgart: Thieme 1975.
W 8. WATTS, T.: J. trop. Pediat. 155 (1969).
W 9. WAXMAN, S.: Brit. J. Haemat. *29*, 23 (1975).
W 10. WHITEHEAD, R. G., COWARD, W. A., LUNN, P. G.: Lancet *1973 I*, 63.

W 11. WINZELER, M., BRAUN, P., GROB, P. J.: Schweiz. med. Wschr. *104*, 1705 (1974).

W 12. Workshop for the Classification of Non-Hodgkins lymphomas: Bio-médicine *22*, 466 (1975).

W 13. WUHRMANN, F., MÄRKI, H. H.: Dysproteinämien und Paraprotein-ämien. Basel, Stuttgart: Schwabe 1963.

W 14. WUHRMANN, F., WUNDERLY, Ch.: Die Bluteiweißkörper des Menschen, 3. Aufl. Basel: Schwabe 1949.

W 15. WÜTHRICH, B., KOPPER, E.: Schweiz. med. Wschr. *105*, 1337 (1975).

Z 1. ZAMCHECK, N.: Cancer (Philad.) *36*, 2460 (1975).

Z 2. ZIMMERMANN, T. S., RATNOFF, O. D., LITTELL, A. S.: J. clin. Invest. *50*, 255 (1971).

Z 3. ZIMMERMANN, T. S., RATNOFF, O. D., POWELL, A. E.: J. clin. Invest. *50*, 244 (1971).

214

224